VOYAGE

AUTOUR DU

GRAND-PIN

PAR

JULIETTE LAMBER

PARIS

COLLECTION HETZEL

J. HETZEL, LIBRAIRE-ÉDITEUR

18, RUE JACOB

VOYAGE

AUTOUR DU

GRAND-PIN

PARIS. — IMPRIMERIE DE J. CLAYE
Rue Saint-Benoît, 7

VOYAGE

AUTOUR DU

GRAND-PIN

PAR

JULIETTE LAMBER

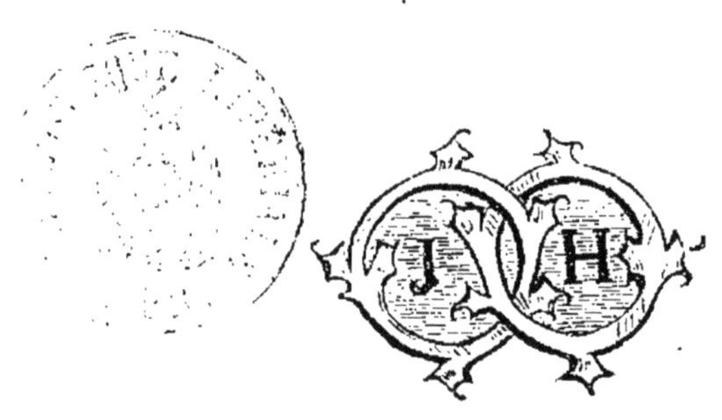

PARIS

COLLECTION HETZEL

J. HETZEL, LIBRAIRE-ÉDITEUR

18, RUE JACOB, 18

A JEAN REYNAUD

Lorsque, à mon arrivée à Cannes, Jean Reynaud, cet homme d'un si grand esprit, d'un si grand savoir et d'un si grand cœur, vint me chercher dans le coin où je m'étais réfugiée, j'étais mourante. En nous voyant marcher côte à côte, lui, à l'air indestructible, moi, sans force, qui eût dit que du roseau penché et du chêne robuste, c'est le chêne qui tomberait le premier? La foudre l'a choisi comme le plus digne d'elle!... Mon ami, votre souvenir est écrit pour moi à chaque page de ce livre projeté dans nos courses, commencé près de vous, et dont je ne me rappelle pas sans un peu d'orgueil que votre chère compagne et vous avez approuvé l'idée et loué les essais. Recevez-en donc l'hommage, de la part de celle que vous vous plaisiez à nommer votre fille et qui vous aimait comme un père!

JULIETTE LAMBER.

Paris, novembre 1863

TABLE

Pages.

Dédicace..... v
Le Départ..... 1
Cannes..... 6
La Marchande d'anémones..... 11
Le Grand-Pin..... 16
Bruyère..... 27
Maître Laurent..... 35
Le *Sans-Peur*..... 53
L'Ermite..... 70
Un Rêve..... 85
L'Auberge des Adrets..... 93
La Vengeance de la grand'mère..... 112
La Maison du Chêne-Renversé..... 122
Les Amours de Pierre..... 131
Récit d'Ivonne..... 143
Le Vent d'est..... 153
Mougins..... 161
Honorine et Landry..... 171
Honorine et Landry..... 182

TABLE.

	Pages.
Honorine et Landry	201
Grasse	212
Les Potières	221
Du golfe Juan à la Briga	237
Le Droit du seigneur	250
Les Parents d'Angélique	265
Promenade	277
Par la montagne	292
Le Col de Tende	299
En descendant	308
La Bergère	316
Sur la route	344
Le Retour	351
Les Adieux	353

VOYAGE

AUTOUR

DU GRAND-PIN

LE DÉPART

A MADAME MARIE D'A.....

Paris, janvier 1863.

Je pars pour Cannes. Mon ami le docteur C... l'ordonne. Je vais chercher la santé dans cette Provence dont vous m'avez tant de fois vanté le ciel lumineux et clément.

Je ne me doutais pas que je serais condamnée à vérifier en personne toutes les vertus de ce merveilleux pays, lors de la dernière discussion que nous eûmes à son sujet. Si vous vous en souvenez, c'était à Pierrefonds, dans la forêt, et je vous revoyais pour la première fois depuis votre retour de Nice. Quoique la chaleur fût grande, vous marchiez de préférence dans les allées découvertes, me répétant que mon soleil d'été n'avait point les flèches acérées de votre soleil d'hiver. Vous me parliez avec enthousiasme de la beauté des champs où fleurissent l'olivier, l'oranger, le citronnier. Et moi, voulant avoir raison de ce Midi qui vous retenait loin de nous, je vous vantais les charmes de ma Picardie, son vert feuillage, son ciel sur lequel courent des nuées blanches, les hautes herbes, l'ombre, la fraîcheur...

Vos sourires, votre belle indifférence, finirent par me mettre hors de moi, et je crus triompher en vous disant que la nature montre plus de vraie sollicitude pour les campagnes du nord que pour celles du midi. N'attache-t-elle pas à l'oranger, à l'olivier, au citronnier, une fois pour toutes, des feuilles dont l'éternelle solidité doit exclure la finesse, la grâce, la légèreté, la couleur ? Mais combien de peines, au contraire, l'excellente nature se donne, au sortir de chaque hiver, pour la végétation du nord! Comme elle surveille le bourgeon qui s'entr'ouvre! et quelle diversité de nuances gaies ou sombres elle répand sur les feuilles de nos arbres, feuilles d'un jour cependant!

Vous rappelez-vous encore, madame, une promenade que nous fîmes sur le plateau qui sépare la forêt de Pierrefonds de celle de Villers? C'était le soir. Les rayons de la lune jaunissaient les blés et faisaient croire à la moisson prochaine. Avez-vous oublié ce grand arbre dont une des branches, doucement bercée par la brise, chantait? Nous avions terminé le matin même la lecture d'un beau livre sur Phidias. Il nous plut de devenir un moment païennes. Les dryades charmaient nos oreilles. Nous vîmes dans la vague clarté de la nuit Cérès parcourir les grasses campagnes, la tête couronnée de coquelicots et de bluets. C'était l'heure où Diane poursuit les sangliers, et nous crûmes entendre au loin ses lévriers aboyer impatients. Une comète glissa tout à coup hors d'un nuage : on eût dit quelque autre déesse. Elle marchait d'un pas divin dans l'espace, traînant sa longue robe dont Phébé semblait jalouse.

Je vous adressai brusquement une question qui vous fit beaucoup rire :

« Y a-t-il, vous demandai-je, d'aussi belles nuits, l'hiver, en Provence ? »

Pourquoi ne l'avouerais-je pas ? Je hais les voyages. Celui-ci, madame, est le premier que j'entreprends. Je suis fort triste, et le motif qui m'oblige à quitter Paris n'est point fait pour m'égayer.

J'ai ouï dire que des voyageurs munis du carnet traditionnel et ne voulant perdre aucune des pensées qui s'élaborent dans le temple de leur esprit, notent avec un soin digne d'éloges tout ce qui se déroule sous leurs yeux. Coteaux boisés, villes et villages, fleuves, montagnes, ruines et frais vallons, hommes et bêtes, se mêlent à plaisir. On rapporte que certains de ces esprits ambulants savent trouver de belles histoires à conter et de bons livres à faire au milieu de choses si étrangement confondues. Je comprends qu'on écoute les récits ou qu'on lise les livres des voyageurs; mais je ne puis admettre qu'on monte en voiture, sérieusement, pour aller chercher la matière des uns et des autres.

Combien les vieux enthousiasmes sont préférables et inspirent mieux! Fréquenter les mêmes gens, entendre les même airs, relire les mêmes livres, revoir les mêmes sites, n'est-ce pas chercher ces joies intimes et certaines que les hommes superficiels ignorent et qu'on ne rencontre jamais en courant de par le monde?

Un de vos amis, madame, qui a la faculté presque divine de faire revivre, comme vous, les morts illustres dans le temps et dans les lieux qu'ils ont consacrés par leurs actions ou leur parole, disait un jour devant moi qu'après un voyage en Syrie il n'avait pu résister au désir de passer quelques semaines dans la riante vallée de l'Oise.

Chère vallée, te reverrai-je à mon tour? Mes belles campagnes de Picardie, tant aimées, retrouverai-je là-bas votre gai printemps, vos ombrages, et ce grand repos de l'âme que le paysan picard goûte au milieu de vous?

CANNES

A MONSIEUR EDMOND T...

Cannes, janvier 1863.

Je trouve à la poste une lettre de vous, commençant par des bénédictions pour le destin favorable qui m'a conduit à Cannes, et finissant par l'expression des regrets que vous éprouvez de ne pouvoir venir chercher la santé, comme moi, « au milieu des splendeurs de la nature méridionale. » Vous aussi! vous m'accablez de votre admiration pour la Provence... Je vous en prie, mon ami, ne bénissez et ne regrettez rien. Restez dans la grande capitale et appréciez mieux ses enchantements à nuls autres pareils. Si vous enviez mon sort, j'envie le vôtre. Hélas ! que ne pouvons-nous échanger nos goûts ou nos places ?

Vous me demandez si j'ai fait un bon voyage. Voilà une question imprudente, et qui m'autorise à décharger mon cœur du poids qui l'oppresse. J'ai fait un voyage affreux... Pouvait-il en être autrement ?

J'ai passé en chemin de fer un jour et une nuit interminables, par un temps horrible. A travers les ombres d'un air épais, j'ai cru découvrir des arbustes inconnus, peut-être des arbres, des taillis, peut-être des forêts, et, de loin en loin, deux ou trois villages qui peut-être étaient des villes. Par une faveur du ciel, j'ai pu contempler la grande plaine caillouteuse, aride, morne et lugubre comme un champ de bataille encore encombré de projectiles destructeurs. J'ai vu des oliviers rabougris à Marseille, des bastides enluminées à Toulon. J'ai vu, à droite et à gauche, des montagnes de craie boueuse égayées par des bois de pins noirs et chétifs, et partout, de Marseille à Cannes, des torrents d'eau, sur les collines, dans les vallons et sur les routes.

En somme, je me sens à Cannes beaucoup plus malade qu'à Paris.

Je demandais tout à l'heure ce qu'était devenu le soleil. On m'assure qu'il ne tardera pas à reparaître. J'attends. Attendrai-je encore longtemps? Si vous avez des nouvelles de Phébus, soyez assez bon pour m'en donner par dépêche. Je crains qu'il ne lui soit arrivé quelque grand malheur. Un requin l'a peut-être dévoré au fond de la mer, où l'on dit qu'il se couche dans ce pays-ci.

Mon cher ami, ma situation me rappelle ce qui se passe à Paris, aussi bien qu'aux foires de ma bourgade, lorsque des curieux reviennent d'un spectacle où ils ont été mystifiés. Pour se venger des mystificateurs on mystifie à son tour amis et connaissances. Voilà comme quoi les gens du nord qui ont visité le midi sont cause de l'ennui mortel que j'éprouve, et comme quoi j'en veux à tous ceux qui se déclarent admirateurs de la Provence.

Je gèle en ce moment, et le feu de pins qui fait grand bruit dans ma cheminée m'envoie plus de pétards que de chaleur. Mes belles bûches de charme, qu'êtes-vous devenues ? Le charme qui chauffe si bien est, sans bon mot, un bois inconnu dans ce pays où le printemps, disent les troubadours du temps d'Isaure, est éternel.

L'appartement que j'occupe à Cannes donne, d'un côté, sur une rue qui déshonorerait le village où j'ai reçu le jour, et de l'autre sur la mer. Vous appelez cela une mer ! C'est tout au plus un lac. Vous me demandez poétiquement si j'écoute le beau bruit qu'elle fait en venant mourir sur le sable. Les vagues de votre Méditerrànée sont courtes, chétives, et leurs soupirs quand elles atteignent le rivage ont quelque analogie avec les soupirs des chevaux de fiacre qu'on arrète devant une porte. Plus je regarde cette mer et plus elle m'impatiente. Quoiqu'il pleuve à torrents, je veux sortir tout à l'heure, je veux prendre un petit bâton, et, en tournant fort, essayer de l'agiter un peu.

Ce matin, à Cannes, il y avait de la glace dans les ruisseaux. Les Anglais murmuraient. L'un d'eux parlait d'aller trouver son consul et de faire demander raison au préfet de Nice de cette inconvenance d'un climat appartenant à la nation française. Il fallait entendre les protestations des indigènes. Les comédiens! Ils levaient de grands bras au ciel après s'être montré la glace, et répétaient, avec un accent inimitable : que depuis trente années on n'avait vu chose semblable!

Mon ami, je demeure à Cannes huit jours encore pour l'acquit de ma conscience, mais dans huit jours je pars, je dis adieu à ce splendide pays, jurant qu'on ne m'y prendra plus.

A bientôt.

LA MARCHANDE D'ANÉMONES

A MADAME MARIE D'A...

Cannes, février 1868.

Vous avez appris que je voulais quitter Cannes et vous m'ordonnez d'y rester. Je resterai. En effet, j'ai traité peut-être avec trop de légèreté, pour ne les avoir pas découvertes encore, les magnificences d'un pays que vous admirez tant. Je suivrai donc vos conseils. Je vais chercher, aller et venir, monter sur les hauteurs, me promener en mer, et courir dans la campagne.

Au reste, j'ai déjà commencé.

Ce matin, de chauds rayons de soleil avaient dissipé les brouillards; le ciel et la mer étaient devenus bleus. Attirée au dehors, malgré certaine résistance intérieure, je sortis de la ville.

Je marchais depuis une demi-heure environ sur la route déjà séchée, lorsque j'aperçus à ma droite un bois de pins. Heureuse de trouver un peu d'ombre, j'y entrai, et bientôt je m'assis au bord d'un frais ravin.

A genoux près du ruisseau, une fillette lavait du linge. En me voyant, elle se leva, prit un bouquet de fleurs caché dans l'herbe et vint me l'offrir.

— Des anémones bleues! m'écriai-je. Est-ce dans un jardin que tu as cueilli cela, petite?

— C'est dans notre terre, madame. Deux sous le gros bouquet!

— Ta terre est-elle loin d'ici?

— Non; vous la voyez au milieu du vallon, près de cette bastide blanche, sous les oliviers.

— Eh bien! si tu veux me laisser cueillir moi-même dans ton champ un bouquet d'anémones bleues, je te donnerai vingt sous.

— Venez, dit l'enfant, qui abandonna son linge.

Au milieu d'un blé de chétive apparence, des centaines d'anémones bleues fleurissaient. J'étendis le regard sur toute cette richesse, puis, jetant loin de moi mon chapeau et mon parasol, je me précipitai sous les oliviers.

La fillette me dit d'une voix caressante :

— Madame l'étrangère, toutes ces fleurs sont à vous, mais prenez garde de faire du mal à notre blé.

— Sois tranquille, ma mignonne ; quoique j'habite la ville, je sais que sur cette herbe pousse le pain.

— Alors, je retourne au ruisseau ?

— Tu le peux ; j'irai tout à l'heure te montrer ma moisson.

L'enfant s'en alla tandis que j'arrachais autour de moi toutes les anémones écloses. Lorsque mes deux mains furent emplies, me sentant un peu lasse, je m'appuyai contre un arbre. Pas un souffle d'air n'agitait les feuilles des oliviers. Mes yeux, tantôt interrogeaient cette nature inconnue, et tantôt se reportaient sur les anémones bleues que j'avais dans les mains. Les fleurs semblaient répondre et parler des grâces d'une terre que je refusais d'aimer!

Je revins lentement près de la petite Provençale. L'enfant sourit en voyant mon énorme bouquet.

— Te sens-tu heureuse, mignonne, d'habiter un pays où il y a de si belles fleurs? lui demandai-je.

— Je ne suis pas assez riche pour aimer les fleurs, repartit la fillette.

— Les fleurs des champs ne coûtent rien.

— Elles se vendent, madame.

— Tu es donc marchande?

— Oui, je cours dans les bois, je monte sur les rochers, et je rapporte des fleurs que les étrangères me payent généreusement.

Il me vint l'idée de suivre cette petite dans une de ses courses, et je la priai de se laisser accompagner par moi. Je me dis qu'avec un semblable guide je ne serais pas forcée de tomber en extase devant des beautés de convention.

— Veux-tu, demandai-je à l'enfant, m'emmener un jour avec toi? Nous cueillerons des fleurs ensemble, et tu me feras connaître le pays.

— Tous les matins, répondit-elle, je vais chercher des anémones rouges au « Grand-Pin. » On voit de là les petites Alpes et l'Estérel. Mais c'est bien haut, et vous ne pourrez pas y monter.

— Quand je serai fatiguée, mignonne, nous nous reposerons.

— Comme vous voudrez, madame l'étrangère. Alors soyez demain de très-bonne heure dans ce vallon, le vallon des Vallergues. Je m'appelle Nanette, et je vous attendrai près du champ d'oliviers où vous avez cueilli votre bouquet d'anémones bleues.

Voilà, chère madame, ce que j'ai fait aujourd'hui pour vous obéir. Vous ne me gronderez plus, je l'espère.

LE GRAND-PIN

A LA MÊME.

Puisque vous m'y engagez, chère madame, je continue.

En rentrant à l'hôtel, j'interrogeai les gens de la maison sur le Grand-Pin. On me répondit que, sauf les chèvres et les braconniers, aucun Cannois n'avait escaladé cette montagne, au sommet de laquelle se trouve un pin séculaire qu'on aperçoit très-bien de la route du Cannet. La maîtresse de l'hôtel affirma cependant que plusieurs Anglais avaient tenté l'ascension périlleuse et très-fatigante du Grand-Pin. « Il paraît, continua-t-elle, qu'à cette hauteur la vue est bornée d'un côté par les collines de Vallauris, et de l'autre par les bois qui couronnent la montagne elle-même. »

Je fus forcée de convenir à part moi que je m'étais laissé ensorceler par la petite marchande. L'imagination passablement refroidie, je regagnai ma chambre. Assise près du balcon de ma fenêtre, je franchis l'espace, et ma pensée n'arrêta son vol qu'au milieu des vallées de ma Picardie.

Tout à coup un phénomène singulier s'accomplit sous mes yeux. Une brume épaisse commença par couvrir la mer, puis gagna les îles de Lérins, puis la côte.

— Voilà, me dis-je, un autre charme de ce pays. A combien de dangers sont exposés ceux qui, par un temps semblable, se promènent sur les montagnes ou sur la mer!

On ne distinguait rien à deux pas devant soi.

Mais bientôt dans la campagne un coin de voile se déchire. Le bois de pins, le ruisseau, la bastide blanche, le vallon des Vallergues s'éclairent. Les oliviers aux feuilles diaphanes se confondent un moment encore avec la brume, puis le vallon tout entier resplendit. Le sommet du Grand-Pin se dégage, et le brouillard glisse jusqu'au pied de la montagne. Les rayons du soleil, longtemps contenus par la nuée, se répandent à profusion sur les flots d'azur. La mer clapote sous une pluie de feu. A l'horizon, des barques aux voiles blanches glissent de tous côtés sur les vagues qui leur impriment à peine une légère ondulation.

Je regarde tour à tour les Vallergues et la Méditerranée. Je crois distinguer l'harmonie qui existe entre ce paisible vallon et cette mer nonchalante. Le brouillard épais qui couvrait mes yeux se dissipe. Je me sens touchée par la grâce de cette nature; j'aime son doux sourire... Mais ce qui est aimable suffit-il à donner l'idée de la beauté?

Le lendemain de ce jour, après une nuit troublée par des impressions nouvelles, je me levai de bonne heure, et malgré les avertissements de mon hôtesse je me rendis au vallon des Vallergues.

Dès que Nanette m'aperçut :

— Bonjour, madame l'étrangère, s'écria-t-elle. C'est bien gentil à vous d'être venue. Je vous promets pour la peine de vous faire regarder de belles choses. Prenez ce petit sentier et marchons.

— On m'a dit, mignonne, que du haut de ton Grand-Pin la vue est très-bornée.

— Qui sait cela? repartit la fillette. La vue du Grand-Pin, madame, est moins bornée que celle des Cannois qui vous ont donné des renseignements sur ma montagne.

Et l'enfant, toute fière de son mot, éclata de rire.

— Parlons, fillette, de ce que tu vas me montrer.

— Nenni ; j'aime mieux vous faire une surprise. Je veux vous entendre dire ce que j'ai dit en voyant pour la première fois tout ce qu'on voit de là-haut : « Ah! que c'est grand la terre! » En regardant avec attention par ce beau jour, je suis certaine que vous apercevrez Marseille et peut-être Paris...

— Voilà bien, dis-je en riant, l'exagération provençale.

Je demandai à Nanette si l'on découvrait les glaciers de son Grand-Pin.

— Madame l'étrangère, répondit la petite, si vous étiez tout à fait bonne, vous ne me feriez plus de questions, et vous me laisseriez vous guider comme je l'entends.

— Je me tairai; mais il me semble que je vais où tu me mènes.

— Eh bien! alors, plutôt que de suivre cette route, si vous y consentez, nous nous enfoncerons dans le bois. Il ne nous faudra qu'une heure au lieu de trois pour atteindre le Grand-Pin; ce sera plus dangereux, mais bien moins fatigant. Lorsqu'on est très-las, les belles choses paraissent laides, n'est-ce pas, madame? tandis qu'un petit peu de danger ne gâte rien.

— Je veux être aussi brave que toi, mignonne, répondis-je, et d'ailleurs je hais les chemins fréquentés par tout le monde. Entrons dans le bois!

Je m'élançai gaiement à la suite de Nanette au milieu des ronces.

L'enfant, dont le caractère aventureux perçait à tous moments, s'écria :

— Nous allons monter à l'assaut ; moi, je suis le capitaine! Nous marcherons tout droit, sans nous reposer, sans nous retourner. Arrivées là-haut, je vous mettrai un bandeau sur les yeux, je vous prendrai par la main, et tout doucement je vous conduirai. Lorsqu'enfin nous serons dans un endroit que je connais, je vous dirai : Regardez, regardez, madame l'étrangère, c'est ici!

— Alors, continuai-je en riant, je m'écrierai : Ah! que c'est grand la terre!

— Vous direz ce que vous voudrez; là-haut vous redeviendrez la dame.

— Bravo! voilà qui est bien entendu. Je ne dédaigne pas les expéditions hardies. Escaladons courageusement le Grand-Pin.

Une heure après nous étions sur une belle plate-forme. Nanette décida que je devais me reposer à l'ombre d'un pin superbe qui dépasse tous les arbres d'alentour. C'est celui qui donne son nom à la montagne. De là je constatai que la vue, en effet, est très-bornée. Mais, après m'avoir laissé respirer un instant, Nanette m'ordonna de fermer les yeux, et, me conduisant au milieu des pierres, me fit marcher pendant un quart d'heure encore.

Lorsque, sur un signal de mon jeune guide, j'ouvris les yeux, un cri d'admiration m'échappa! En face de moi se dressaient les glaciers des Alpes maritimes. Sur le pic de Tende, la neige éblouissante, que n'altérait pas une ombre, semblait défier les rayons ardents du soleil. Au-dessous des glaciers, le regard s'arrêtait sur des collines rocheuses d'un rouge sombre. On eût dit que la mort, qui régnait plus haut, allait couvrir ces terres sanglantes de son blanc linceul.

— Derrière les neiges il y a l'Italie, dit Nanette doucement, de peur de troubler mes réflexions.

— Ah! l'Italie, répétai-je, ce mot est le bienvenu. L'image de la mort n'a plus rien d'attristant si près de la terre des résurrections.

— Voici là-bas, au pied de ces montagnes

blanches, Nice, la belle ville faite pour les étrangers, dit la petite; puis le phare et le fort de Villefranche, bâtis sur le granit couleur des roses de mars; à gauche, le village de Saint-Janet, caché entre les dents d'une roche sur laquelle les sorcières se réunissent pour le sabbat. Voici Biot, le pays des jarres; Vence et Cagnes, qui, perchés sur leurs collines, regardent la passerelle du Var, où finissait autrefois notre Provence. A droite, vous voyez la presqu'île de la Garoupe avec sa belle verdure et sa petite pointe qui s'avance dans la grande mer. Là, dans la plaine, c'est Antibes, qui ferme le soir toutes ses portes et dont les remparts sont gardés nuit et jour par des soldats.

Après avoir longuement contemplé l'étendue déployée devant moi par mon jeune guide, je me retournai.

Le sombre Estérel fermait l'horizon du côté de l'ouest. La Napoule, éclairée par les reflets de la mer, souriait à l'austère cap Roux; les flancs bleuis du Tanneron faisaient face aux blanches collines de Saint-Vallier; et la gorge du Loup s'emplissait d'ombre jusqu'aux bords. L'orgueilleuse ville de Grasse, assise au penchant d'une montagne, dominait la vallée des roses, comme autrefois le château des seigneurs dominait les terres esclaves. Au-dessus de Grasse, des centaines de bastides blanches, semblables à des marguerites dans une vaste prairie, émaillaient les champs d'oliviers.

En me rapprochant du Grand-Pin, je vis Mouans au fond d'une vallée, et Mougins sur une hauteur; le gracieux monticule de Cannes, avec ses tours en ruine et sa vieille église; puis le Cannet frileux, qui se cache derrière sa forêt d'orangers.

L'esprit lassé par la contemplation de tant de choses nouvelles et grandioses, je m'assis en face du golfe Juan, et j'abaissai mes regards jusqu'au pied de la montagne du Grand-Pin.

Il y avait là un petit village à l'abri des vents et comme enfermé au milieu des collines. Sur le versant des coteaux, la campagne, ombragée par des oliviers magnifiques, était pleine de douces lueurs. Ce vallon donnait à l'âme l'idée du recueillement et de la paix. En suivant parfum de violettes filtrait pour ainsi dire à travers la pénétrante odeur des pins et montait jusqu'à moi.

— Comment appelle-t-on ce village? demandai-je à Nanette.

— Vallauris.

— Ah! c'est ainsi que je l'aurais nommé.

Je ne sais pourquoi, chère madame, il me parut à ce moment-là que l'heure de faire mon examen de conscience avait sonné. Rien ne protestait plus en moi contre cet enthousiasme que vous m'aviez promis et que j'avais trouvé. Je suis capable de confesser une erreur et je la confesse. Il faut maintenant que j'apprenne à connaître les environs de Cannes, de manière à pouvoir en bien parler avec vous. Le meilleur moyen de se faire pardonner son ignorance, n'est-ce pas de s'en corriger?

Je traçai donc autour de moi un cercle large comme l'horizon, et je fis le serment de visiter tout le pays que j'enveloppais du regard.

— La vue de ma montagne est-elle bornée? dit Nanette.

— Elle est superbe, mon enfant, et je suis tout simplement ravie de cette promenade.

— Eh bien! descendons vite, car mon père et ma mère se mettraient à table sans moi.

— Mais tes fleurs?

— Les voici, reprit-elle en me montrant un énorme bouquet d'anémones rouges qu'elle avait cueillies tandis que je songeais.

Ce bouquet, Nanette me l'a donné et je vous l'envoie, chère madame, comme gage d'affection et de repentir.

BRUYÈRE

A MADAME OLYMPE L...

Bruyère, février 1863.

Tu me demandes pourquoi j'ai quitté Cannes, et comment il se fait que j'aie choisi pour y demeurer un endroit solitaire.

Je t'ai déjà dit qu'après mon ascension au Grand-Pin je n'avais plus qu'une pensée : revoir Vallauris et passer mon hiver dans cet asile fortuné, qui n'est point un village, mais un bourg.

Le lendemain de mon ascension je me fis conduire à Vallauris. Juge de mon désappointement, je ne pus trouver à louer ni une maison, ni un appartement, ni même une chambre. Il me fallut, bon gré, mal gré, renoncer à mes prétentions. Or, j'en eus un si véritable chagrin que des gens du bourg, touchés de mon insistance, cherchèrent avec moi le moyen de me loger autour d'eux.

Plusieurs personnes me dirent que, au golfe Juan, Bruyère n'était pas encore occupé.

— Qu'est-ce que Bruyère? demandai-je.

On me répondit que c'était une espèce de petit chalet confortablement arrangé à l'intérieur, et situé près de la route de Nice, au milieu des pins et des bruyères.

— Voilà précisément ce que je cherche, dis-je aussitôt.

— Vous serez Vallaurienne, ajouta un Vallaurien, car le golfe Juan fait partie de notre commune. Bruyère est admirablement placé. De la grande allée qui sert de promenoir au bord de la route, vous verrez les glaciers des Alpes.

Ce dernier renseignement me décida. Je quittai Vallauris sans lui dire adieu, et je revins au golfe que j'avais à peine regardé en passant.

Bruyère est tout simplement une petite bastide blanche, avec un joli balcon et des persiennes vertes. De l'intérieur on aperçoit la mer à travers les pins. Le terrain qui entoure la maison est plein de mouvement. Un mamelon derrière, une colline à droite, une à gauche, lui donnent la forme d'un grand fauteuil. Il me sembla que j'y serais commodément assise, et je louai bastide et jardin, à la condition que je pourrais en prendre possession le jour même.

Je sus plus tard que le propriétaire de ma petite villa m'avait trouvée fort originale et qu'il avait communiqué son jugement à ses concitoyens.

Être originale, ce n'est point un crime dans un pays où l'on n'a d'antipathie que pour la froideur anglaise.

Je renvoyai donc mon cocher à Cannes chercher mes malles et ma femme de chambre, et j'étais installée avant la nuit.

Le lendemain, dès l'aube, une jeune fille sonnait à ma porte.

J'ouvris ma fenêtre, et je lui demandai ce qui l'amenait chez moi si matin.

— Madame, répondit-elle, j'ai servi tous les étrangers qui ont loué Bruyère, et je viens vous prier de me prendre aussi à votre service.

Quelques minutes après on introduisait la jeune paysanne dans ma chambre.

— De quel pays es-tu? lui demandai-je; ton costume n'est pas celui des filles de Provence.

— Je suis Brigasque, madame.

— Qu'est-ce qu'une Brigasque?

La petite ouvrit de grands yeux et réfléchit avant de répondre. Enfin elle dit :

— Nous autres, madame, nous sommes des gens de la montagne. Nous descendons en Provence tous les hivers. Tandis que notre village et nos terres dorment sous la neige, nous travaillons au soleil.

Voyant que je ne songeais point à l'interrompre, elle continua :

— Les Provençaux, voyez-vous, madame, possèdent la plupart du bien qu'ils cultivent eux-mêmes. Quant à ceux qui ont peu de chose, ils prennent des métiers faciles. Il n'y a donc point d'ouvriers pour la grosse besogne. Ce sont les

Génois qui la font sur la mer, et les Brigasques sur la terre. L'été, après la récolte des fleurs, nous retournons chez nous pour revenir encore à l'automne.

Cette enfant et son petit discours me plurent.

— Je te garde, lui dis-je. Quel âge as-tu? Que sais-tu faire?

— J'ai dix-neuf ans, madame.

— Est-ce possible?

— Les filles de la montagne travaillent jeunes et elles grandissent peu... Je suis, madame, assez bonne cuisinière.

— Bien, ma petite. Tu me raconteras ce qui se passe dans ton pays, et ta cuisine pourra être mauvaise si tes histoires sont intéressantes.

— Madame, répliqua-t-elle vivement, je ne sais pas raconter d'histoires, mais je vous assure que je sais faire la cuisine.

— Tant pis, dis-je gaiement.

Comme elle demeurait ébahie, j'ajoutai :

— Nous nous entendrons, va. Comment te nommes-tu?

— Angélique.

Lorsqu'elle fut seule avec ma femme de chambre, la petite Brigasque lui demanda si je n'avais pas l'esprit dérangé.

— Ils disent au golfe, ajouta-t-elle, que madame ne ressemble pas à tout le monde, mais que si elle est extraordinaire, elle est en même temps très-plaisante.

Que penses-tu de ce mot, chère mère? Il est joli, n'est-ce pas, et prête au calembourg.

Lorsque nous habitions notre beau village, tu me parlais souvent de l'art difficile d'entrer en quelques heures dans l'intimité des paysans. Je crois avoir profité de tes bonnes leçons, et, quoique je ne sois à Bruyère que depuis huit jours, j'ai déjà de vrais amis au golfe et à Vallauris. Chaque matin je me rends au bourg, je salue tout le monde, et je cherche les occasions d'arrêter ceux que je rencontre pour la première fois. Je leur demande de mon air le plus aimable comment ils se nomment, ce qu'ils font, où ils demeurent, et je me garde bien d'oublier tout cela. Ce qui achève de me gagner les cœurs, c'est que j'essaye de parler le patois provençal.

Tu comprends que les paysans ont ainsi quelque chose à m'enseigner. Nos conversations tournent sans cesse à leur avantage, et la distance entre eux et moi se trouve comblée. Tous les jours ils m'apprennent de nouveaux mots, que je prononce naturellement très-mal, ce qui les fait beaucoup rire.

Lorsque je me promène dans la campagne et que j'aperçois un paysan ou une paysanne, je vais m'asseoir auprès d'eux et je commence à les questionner. Il faut répondre à toutes mes demandes, qui sont nombreuses, parce que je veux savoir à la fois les habitudes du pays, le nom des champs, celui des montagnes, des bois, des ruisseaux, la manière de cultiver la terre, l'époque certaine de la récolte de chaque fleur, de chaque fruit, de chaque plante, les anciennes et les nouvelles coutumes. Il faut aussi qu'on me raconte les légendes et les histoires de la contrée, et tout ce qui peut me révéler quelque trait des mœurs ou du caractère des paysans provençaux.

Autant je détestais le midi, autant je l'aime.

Je dois te dire, en outre, chère mère, pour terminer ma lettre selon tes désirs, que le doux climat du golfe agit merveilleusement sur ma santé.

MAITRE LAURENT

A MONSIEUR J. H...

Bruyère, mars 1863.

Vous êtes curieux comme un éditeur, mon cher ami ! Vous me demandez si je paresse ou si je travaille ; si les paysans provençaux m'intéressent autant que les paysans picards, malgré leurs subjonctifs et leur accent marseillais ; en quoi les uns et les autres se ressemblent, et en quoi ils diffèrent. Je vous devine, et j'aurais bonne envie de décourager votre curiosité. Mais, réflexion faite, j'aime mieux, en vous racontant une histoire, répondre à vos questions de la manière que je sais vous être la plus agréable.

Donc, en allant du golfe à Vallauris j'avais plusieurs fois remarqué sur la hauteur, à droite, non loin du grand précipice qui sépare la montagne de la route, une humble maisonnette placée au milieu de belles terrasses d'orangers.

Celui qui a choisi un pareil domaine, pensai-je, doit posséder plus de courage que d'argent. Il a fallu être bien hardi pour venir chercher de la terre dans un endroit où quelques maigres pins vivent à grand'peine.

Toute cette montagne d'ailleurs passe pour dangereuse. On l'appelle la montagne du Palet-du-Diable ; et voici ce qu'à Vallauris et au golfe on raconte à son sujet :

Un jour que le bon Dieu et le Diable, dont l'un n'avait en ce moment-là rien à créer et l'autre rien à détruire, jouaient ensemble au palet, le Diable dit au bon Dieu :

— Faisons un pari.

— Lequel ? demanda le bon Dieu.

— Parions que je jetterai mon palet plus loin que le tien.

— Parions, dit complaisamment le bon Dieu.

Satan prit alors une longue pierre, étroite et mince, puis se tenant ferme sur le sommet de la montagne des Incourdoules, il la lança au loin de toutes ses forces.

La pierre alla se planter sur un escarpement et resta debout sans être soutenue par rien, sinon par quelque maléfice. C'était un véritable tour de force. Le Diable, enchanté de son adresse, se frotta les mains, dit la légende.

— A ton tour, cria-t-il au bon Dieu.

Celui-ci ramassa comme au hasard un morceau de rocher et le jeta négligemment dans la mer jusqu'en face de la pointe d'Antibes, à deux lieues au delà du palet du Diable.

Or, le bon Dieu avait fait d'une pierre deux coups. Son palet, qu'on voit encore aujourd'hui et qui s'appelle « la Fourmi, » sert d'indication aux navires qui, dans les tourmentes, essayent de rentrer au port.

Le Diable, ajoute-t-on, humilié de sa défaite et ne pouvant s'en prendre au bon Dieu, vient, quand souffle le vent d'est, gronder sur la montagne où se trouve son palet. Il menace sans cesse de détruire toutes les plantations aux alentours.

Je voulus savoir comment il se pouvait faire qu'un paysan fût venu s'établir dans un pareil endroit.

J'interrogeai plusieurs personnes, surtout un voisin aimable et complaisant, le propriétaire de la villa des Fleurs, qui, après m'avoir conduit chez l'homme du Palet-du-Diable, m'apprit tout ce qu'il en savait.

Le nom de cet homme est Laurent. Il exerçait à Vallauris le métier de potier, lorsqu'il hérita d'une vieille tante la somme ronde de douze cents francs.

Il préférait de beaucoup, disait-il, la terre vivante à la terre cuite, et il quitta la poterie pour la culture sans le moindre regret.

Laurent acheta sur la montagne du Palet-du-Diable un grand rocher, tout un mamelon, pour cinquante écus. Il y bâtit une maisonnette, et, comme il avait peu d'argent, il résolut d'être patient et de ne creuser à la mine que deux terrasses la première année.

Mais il faut que vous sachiez, mon ami, comment les Provençaux se créent des domaines. Ils s'attaquent à une montagne, creusent des mines, et, à l'aide de la poudre, ils font sauter un ou plusieurs rochers; ensuite, avec les éclats brisés de la roche ils font de la terre.

Les mineurs du village refusèrent tous de travailler sur la montagne du Palet-du-Diable. Il fallut que maître Laurent allât chercher au loin un jeune mineur connu pour son audace, et dont on parlait beaucoup en ce temps-là.

Le propriétaire et l'ouvrier s'entendirent à merveille. Les deux terrasses furent creusées; on les remplit selon l'usage avec les éclats brisés de la roche; puis maître Laurent y planta cinquante orangers.

L'ancien potier se prit bientôt d'une belle passion pour cette terre qu'il avait faite. Il ne pouvait la quitter. Elle lui tenait au cœur par des liens intimes, à tel point que lui-même s'en étonnait. Ses deux terrasses, il les chérissait comme on chérit des enfants. Pour la roche inculte, qui cependant faisait encore partie de sa propriété, il ne pouvait s'empêcher de la haïr. C'était une sorte d'ennemie, et il ne songeait, matin et soir, qu'au moment heureux où il en ferait sauter le dernier morceau.

Quelqu'un étant venu un jour voir maître Laurent, lui demanda pourquoi il ne plantait point comme tout le monde des petits pois et des choux au milieu de ses jeunes orangers.

Le nouveau propriétaire répliqua d'un ton sec, qu'il n'était pas homme à déshonorer quoi que ce soit ; que sa terre, si le conseilleur voulait bien se donner la peine d'y réfléchir, était vierge, et que toute terre vierge sur le littoral aimait que son premier bouquet fût un bouquet de fleurs d'oranger.

En général, ce qui ne se rapportait pas à sa terre n'intéressait nullement le bonhomme. Il s'entretenait avec elle, l'appelait de mille noms fort tendres. Or, cette terre adorée ne se montra point ingrate et répondit comme elle le pouvait à un si grand amour. Au bout de quatre ans les orangers qu'on lui avait confiés donnèrent des fleurs magnifiques.

Laurent vivait de rien. Il consacrait tous les produits de sa récolte à sa terre. Avec l'aide de son ami, le courageux mineur, il creusait chaque printemps un petit bout de roche et plantait une douzaine d'orangers.

Lorsque par hasard l'ancien potier descendait de la montagne du Palęt-du-Diable à Vallauris, on en parlait dans le bourg durant tout un mois.

Dès que les petits garçons l'apercevaient sur la place, ils couraient après lui.

— Pourquoi, criaient les uns, maître Laurent, depuis qu'il est propriétaire, marche-t-il ainsi courbé ?

— C'est pour être plus à portée de sa terre, criaient les autres.

Et le bonhomme disait naïvement :

— Ils ont raison, ces petits.

S'il passait devant la fabrique de poterie où il avait travaillé autrefois, ses anciens camarades l'appelaient. Alors, tout ruisselants de sueur, ils lui montraient la grande fournaise, en lui répétant :

— Tu respires, toi, là-haut sur ta montagne. Ah ! tu es bien heureux !

— C'est vrai, mes amis, répondait Laurent.

Mais si quelque vieille femme rencontrait dans les rues de Vallauris l'homme du Palet-du-Diable, elle ne manquait pas de s'écrier, en voyant l'œil noir de maître Laurent briller du feu sombre que la passion y avait mis :

— Quelque démon possède celui-là !

— Le démon serait alors plus utile que nuisible, répliquait le propriétaire.

De leur côté les jeunes filles de Vallauris, causant entre elles de maître Laurent et de son héritage, disaient tout bas :

— Pourquoi n'est-il plus jeune, et pourquoi n'aime-t-il pas l'une d'entre nous comme il aime sa terre ?

De son domaine, Laurent avait une vue magnifique ; mais les yeux de l'heureux propriétaire n'étaient point faits pour percer les horizons lointains. C'est à peine s'il devinait les grandes lignes de la presqu'île d'Antibes, et par les plus beaux temps il n'aurait pu découvrir les Alpes. Il ne voyait rien au delà de l'étroit vallon planté d'orangers qui se trouve entre la montagne du Palet-du-Diable et le Golfe.

Pendant la saison que les gens du pays appellent l'hiver et qui est encore un printemps pour les étrangers, Laurent ne désertait pas sa bastide, comme le font d'ordinaire les Provençaux. Quoique le vent d'est soufflât parfois avec violence, il tenait bon la nuit et le jour. Le pauvre homme s'inquiétait peu de lui-même, il ne souffrait que de la souffrance de ses orangers. En les entendant gémir, en les voyant se courber, instinctivement il se courbait et gémissait avec eux.

Durant huit années consécutives, on vit Laurent cultiver sa propriété avec le même amour. Chaque printemps, le mineur, son seul ami, vint abattre un bout de roche. Huit fois, le bonhomme fit de la terre avec du granit et ajouta de nouveaux arbres à sa plantation.

A mesure qu'il entamait la roche davantage, un certain mélange de béatitude et d'orgueil se montrait sur la figure de maître Laurent.

La neuvième année de son installation sur la montagne du Palet-du-Diable, les orangers donnèrent une récolte de fleurs superbe, et l'heureux propriétaire décida de faire sauter le reste de son mamelon.

Un jour que maître Laurent venait proposer sa récolte au distillateur de Vallauris et qu'il lui parlait de ses projets, celui-ci, homme intelligent, qui professe pour la ténacité de l'ancien potier une véritable admiration, lui dit :

— J'ai vu autrefois à la pointe de l'île Sainte-Marguerite un rocher énorme. Notre mer si douce le minait depuis bien des années. Elle l'a englouti; et maintenant elle se berce calme et souriante à la place où fut le rocher. Ce matin, en revenant de la pêche, j'ai cru entendre la mer à cet endroit chanter un chant de victoire, et je suis certain, maître Laurent, de lui avoir vu la physionomie que je vous vois. Vous aussi vous avez été patient et opiniâtre, comme la mer vous avez renversé votre rocher, et comme elle aujourd'hui vous triomphez.

— Je triomphe!... répéta fièrement le bonhomme que ce mot avait enorgueilli.

Et son front courbé vers la terre parut se relever.

Lorsqu'il traversa la place du village pour retourner chez lui, les petits garçons s'entre-regardèrent et dirent :

— Ne semble-t-il pas que maître Laurent se redresse?

Une semaine plus tard, l'ancien potier et le mineur se mettaient de nouveau à l'ouvrage.

Il ne s'agissait plus seulement, de l'avis du jeune ouvrier, de faire sauter la roche pour le plus grand profit du propriétaire, il fallait encore mener à bien l'entreprise pour confondre ceux qui citaient à tout propos la légende, et répétaient : « Cela finira mal sur la montagne du Palet-du-Diable. »

Le mineur, sa longue barre de fer à la main, frappait à coups redoublés sur la roche, en chantant la chanson des anciens mineurs :

« Résiste, résiste, la rocca,
« Je te creuserai,
« Je te minerai,
« Et tu sauteras ! »

On était au commencement de mai. Dans le vallon du golfe, les femmes et les jeunes filles cueillaient la fleur d'oranger.

Tout à coup elles entendirent le bruit d'un cornet de mineur du côté du Palet-du-Diable.

Sous le ciel de Provence on distingue au loin toutes choses. Les femmes regardèrent, et elles aperçurent le mineur dont la réputation s'étendait de Cagnes à Fréjus. Près de lui se tenait maître Laurent.

— Ils pourraient se dispenser de corner si fort, dit l'une des cueilleuses dans un champ. Il n'y a ni terres ni hommes en danger si proche du Palet-du-Diable.

On entendit une détonation. La montagne s'entr'ouvrit avec de sourds gémissements, et plusieurs quartiers de roche sautèrent au milieu d'une épaisse fumée.

Maître Laurent et le mineur poussèrent des cris de joie que répéta l'écho.

— Voilà une belle explosion, dirent les jeunes filles.

— Ma foi, reprit une vieille femme, si leurs autres mines partent comme celle-ci, et si toutes font autant de besogne, ils viendront vite à bout de leur rocher. Péchaire! j'ai cependant toujours dans l'idée que cela doit finir mal.

— Cela finira bien, dit une jeune fille.

— Quelqu'un ici connaît-il le père ou la mère du mineur de maître Laurent? cria l'une des cueilleuses du haut de son échelle.

— Non, répondirent plusieurs voix.

— Alors ce garçon, avec ses mains noircies et son visage enfumé, pourrait bien être quelque bâtard de Satan.

La cueilleuse se signa dans l'espérance de faire évanouir l'apparition.

Les jeunes Provençales qui l'entouraient attendirent un peu; puis elles éclatèrent de rire.

Le surlendemain de ce jour, dans le vallon

du Golfe, les cueilleuses encore s'entretenaient de maître Laurent.

— Eh, eh, répétaient les vieilles femmes, si les choses ne vont pas absolument mal là-haut, elles sont loin d'aller comme il faudrait. Il est certain que chez Laurent, depuis quarante-huit heures, on n'a pu faire sauter le moindre petit quartier de roche.

Au même instant, et comme pour répondre à ce défi, le cornet du mineur annonça l'explosion d'une mine.

Les femmes dans le vallon et les passants sur la route regardèrent la montagne du Palet-du-Diable.

L'explosion ne se fit pas attendre; mais le mineur continua de souffler dans son cornet. Une détonation succéda à la première, puis deux, puis trois, puis quatre.

— Est-ce le diable, oui ou non? répétèrent les vieilles femmes avec terreur.

Les jeunes filles ne riaient plus.

— Ce diable de mineur, disaient les gens de Vallauris, fera sauter la montagne tout entière!

Enfin le silence se rétablit.

Bientôt les cueilleuses purent voir deux hommes courir sur les ruines encore fumantes du mamelon de l'ancien potier. Ils crièrent longtemps, mais l'écho cette fois ne répéta que le mot de : « Victoire ! victoire ! »

Laurent était resté debout sur la roche encore frémissante, et contemplait son domaine avec orgueil. D'un mouvement brusque ayant relevé la tête :

— Aujourd'hui, s'écria-t-il, je suis véritablement un triomphateur !

Ces mots à peine prononcés, le bonhomme se redressa entièrement et son corps devint droit comme un chêne.

Le mineur considérait les ruines du mamelon avec autant de fierté que le propriétaire lui-même.

Maître Laurent s'en aperçut :

— Ah ! mon ami, dit-il, tu as pris moitié de la peine, c'est bien de prendre moitié de la joie.

Les deux travailleurs, après avoir longuement admiré leur ouvrage, entrèrent dans la bastide et burent à la destruction de toutes les roches.

Tout à coup maître Laurent, frappé d'une idée soudaine, dit au jeune mineur :

— Mon enfant, à nous deux, nous ferions de grandes choses! Il faut nous associer. Nous achèterons la montagne du Palet-du-Diable, la montagne entière, et, petit à petit, nous la ferons sauter. Nous agrandirons notre domaine. et nous vaincrons Satan!

— Comment nous associer? dit le mineur, je ne possède rien.

— As-tu des parents?

— Non, j'ai été élevé à l'hospice de Nice.

— Eh bien! tu seras mon fils.

— Quoi! vous voudriez...

— Écoute! J'ai un neveu; il est marin et n'aime que la mer. Il appelle la terre d'un nom si méprisant que je ne puis ni le voir ni l'entendre. Il me traite de fou, moi je le traite d'imbécile. Nous ne nous comprendrons jamais. Or, par les jours de vent d'est, quand je suis forcément à ne rien faire, je regarde mes pauvres arbres, ma pauvre terre; je me demande qui aimera, quand je serai mort, qui soignera ce que j'aurai tant aimé, tant soigné, et je me sens pris d'une grande tristesse. Cher ami, je te donnerai mon domaine, tu me promettras de ne pas le vendre, et j'attendrai patiemment l'heure où l'on met les vieillards dans un lit de bonne terre. Mais jusque-là, si tu le veux, il en sautera encore des roches!... Enfin, tu es mon fils, c'est convenu; embrasse-moi... Ah! nous allons en abattre de la besogne.

— Est-ce possible? ne vous moquez-vous pas de moi? s'écria le mineur ébloui.

— Mais non, mais non, dit le bonhomme. J'avais besoin d'un fils, et tu cherchais des parents; nous nous entendons : quoi de plus naturel? Je suis certain, ajouta-t-il plaisamment, qu'avant six mois on nous trouvera un air de famille. D'ailleurs, l'amour du travail, ça met sur la figure des hommes un je ne sais quoi qui fait que, quand deux bons travailleurs se rencontrent, ils se sentent eux-mêmes un peu parents. A l'ouvrage donc! Je t'assure que, ni mes orangers ni ma terre ne s'aviseront de blâmer mon choix.

Lorsqu'on sut à Vallauris et au Golfe que maître Laurent avait adopté le mineur, chacun répéta :

— Ils étaient faits l'un pour l'autre!

LE SANS-PEUR

A MONSIEUR AIMÉ D'AR...

Bruyère, mars 1863.

Je ne mérite pas, cher monsieur, de recevoir d'aussi bonnes consolations. Mon sort est devenu très-supportable. J'ai trouvé ici une terre amie, et dans ce pays du gai soleil l'amertume de l'exil s'est envolée de mon cœur. Pour vous le prouver, pour que vous soyez tout à fait rassuré à mon égard, je détache la dernière page de mon journal et je vous l'envoie.

... Trois bâtiments de guerre apparurent un matin dans le golfe Juan pour y faire des manœuvres. Aussitôt toutes les barques des environs, portant des étrangers curieux, mirent à la voile et se dirigèrent du côté des vaisseaux. Plusieurs familles obtinrent la permission de les visiter.

De Bruyère, je voyais toutes ces allées et venues. Le soleil inondait la mer de ses feux, et la mer, comme disent les gens du pays, ne bougeait pas.

J'eus à mon tour, par ce beau temps, le désir de faire une promenade ; mais j'envoyai inutilement à la recherche d'un bateau, tous étaient retenus ou partis.

Lorsqu'on vint m'apprendre que je ne pourrais trouver une barque ce jour-là, j'en eus un dépit véritable.

Dans ce pays, quand on s'est dit : « Je sortirai, » il n'y a pas moyen de rester chez soi. Les rayons du soleil, la voix de la mer, les parfums de la terre vous poursuivraient jusque dans les caves. Tout enfin vous appelle au dehors.

Je pris mon chapeau, je traversai le lit desséché du torrent de la Font, et j'allai m'asseoir dans une anse au pied même de Bruyère. Couchée sur le sable et la tête appuyée contre un rocher qui me dérobait la vue de la pleine mer, je regardais d'un œil jaloux les petites embarcations tourner autour des grands vaisseaux. Si j'étais fée de la mer, pensais-je, je jetterais un coquillage sur les flots et je dirais : « Que ceci devienne une barque ! »

Au même instant un petit bateau, glissant derrière la roche qui me servait d'oreiller, vint jeter l'ancre à côté de moi.

— Le *Sans-Peur !* m'écriai-je. Ah ! patron Marius, quel bon vent vous amène ! Que vous soyez libre ou non, je vous garde.

Le vieillard porta la main à son chapeau et repartit :

— Vous rappelez-vous, madame, les paroles que vous me dîtes l'autre soir en revenant de notre promenade aux îles ? Les voici, mot pour mot : « Patron, quand vous n'aurez point d'étrangers à conduire, mettez à la voile pour le Golfe ; je trouverai toujours, moi, une excursion à faire. » Je n'ai personne ce matin, et...

— Comment, vous n'avez personne ! mais d'Antibes à la Napoule il n'y a pas une nacelle à louer aujourd'hui.

— Le patron du *Sans-Peur* refuse de mener les étrangers à bord des vaisseaux, répliqua Marius dont le front s'assombrit.

Césaire, qui compose à lui seul tout l'équipage du *Sans-Peur*, poussa un gros soupir et s'agita sur son banc de manière à faire chavirer la frêle embarcation.

— Tais-toi, lui dit rudement le patron.

— Ah! par exemple, c'est trop fort, cria le rameur qui ne demandait qu'un prétexte pour se mettre en colère, je n'ai pas prononcé un seul mot!

— On peut parler sans ouvrir la bouche, répliqua Marius, et je sais ce que tes soupirs signifient.

Tous ceux qui se sont promenés en mer sur le *Sans-Peur* connaissent aussi bien que moi le motif de la perpétuelle hostilité qui existe entre Marius et Césaire.

Les deux marins ont servi l'État sur les mêmes vaisseaux, mais, par un hasard étrange, le premier a toujours été le supérieur immédiat du second. Césaire a constamment protesté contre les méprises du destin, et encore aujourd'hui il ne peut obéir à son patron qu'en maugréant. Depuis que l'État leur a rendu la liberté, Marius a sauvé un Anglais qui lui a fait présent d'un bateau. L'un devenant patron, l'autre devenait son rameur nécessairement. Rameur et patron se querellent donc sans trêve ni repos, et cependant ils ne peuvent vivre séparés. Sous l'influence d'une continuelle discussion, la manière de voir de chacun d'eux a pris des proportions aussi amusantes qu'exagérées.

— Patron, demandai-je, est-ce que vous refuserez aussi de me conduire aux vaisseaux?

— Vous voudriez?... Non, madame, c'est impossible, repartit Marius... D'ailleurs, le vent est contraire.

— Comment avez-vous fait pour venir jusqu'ici, patron?

— Nous sommes venus à force de rames, mais je n'en puis plus.

— Et pourquoi ne voulez-vous point aller aux vaisseaux?

— Je vous raconterai cela, madame.

— C'est donc une histoire? dis-je en posant le pied sur le *Sans-Peur*.

— Césaire, ajouta le patron, monte à Bruyère, fais mettre le déjeuner de madame dans un panier, et apporte-le.

— Où allons-nous, s'il vous plaît, patron?

— A la Napoule, d'abord. Jamais il n'y eut une brise plus favorable. Nous aurons un temps superbe, et nous sommes gens à fêter une belle journée.

— Ainsi, repris-je en m'asseyant dans le bateau, nous tournons le dos à l'escadre.

— Oui, oui, répliqua le bonhomme qui eut peine à contenir sa joie. Maintenant je veux mettre deux pavillons à ma barque; puis j'ajouterai quelques branchages pour faire sourire le *Sans-Peur*. C'est égal, vous êtes une brave petite dame!

Césaire revint avec un grand panier qu'il bouscula un peu.

— Donne, dit le patron. Est-ce que c'est sa faute à ce déjeuner si nous n'allons pas aux vaisseaux?

Le *Sans-Peur* prit le large, mit toute sa voilure dehors, et se dirigea du côté de la Napoule.

— Décidément, patron, pourquoi n'avez-vous pas voulu me conduire du côté de l'escadre ?

— Mon Dieu, dit Marius embarrassé, ce n'est point une histoire, c'est plutôt une espèce de sentiment...

— De haine, ajouta Césaire.

Le patron réfléchit, et ne trouvant pas d'objection valable à faire au rameur :

— De haine, reprit-il. Je déteste les bâtiments de guerre. Hélas! je les connais trop. J'ai mangé, bu, dormi pendant vingt-cinq ans sur ces maisons-là, et c'est dur. Je fus jeune autrefois! Quoique né au bord de la mer, j'aimais la terre, et la Provence était pour moi le paradis. C'est que, voyez-vous, madame, j'avais une amoureuse, ma femme d'aujourd'hui, ma vieille, une belle fille dans ce temps-là. Croiriez-vous que pour la voir je suis venu un jour de Toulon à Fréjus en courant? Il fallut me reporter, tant j'étais avarié! Mais de ça, je ne m'en inquiétais guère : j'avais embrassé ma bien-aimée. Quand je songe que durant mes séjours à terre, quatre fois j'ai été sur le point de me marier et que quatre fois, par une moquerie du sort, j'ai été rappelé sur les vaisseaux de guerre presque à la veille d'assister à ma noce! Quand je songe que j'aurais pu épouser ma femme vingt ans plus tôt, j'enrage, quoi! Ah! bien oui, que je serais allé là-bas! Regardez, madame, toutes leurs petites barques, près de l'escadre. On dirait des sardines autour de baleines.

Et le patron se mit à rire.

Césaire, hors de lui, apostropha son maître.

— On voit de singulières choses sur le *Sans-Peur*, s'écria-t-il. Dans les autres bateaux, c'est le patron qui promène les étrangers, et dans celui-ci ce sont les étrangers qui promènent le patron.

— Est-il méchant? dit Marius avec bonne humeur.

— Il aime donc les vaisseaux de guerre, lui? demandai-je pour envenimer les choses.

— Oui, je les aime! répondit le rameur, et si je n'étais pas vieux comme je le suis, sauf le respect que je dois au patron, je quitterais vite son écorce pour retourner sur un bâtiment.

Plusieurs coups de canon, partis de l'escadre, annoncèrent que les manœuvres commençaient.

— Ces coups de canon, dit Marius, me bouleversent toujours. Cependant j'en sais un qui me ferait joliment plaisir.

— Lequel? demanda Césaire.

— Le dernier.

— Bon, et les ennemis? répliqua le rameur qui regardait avec admiration la fumée de la poudre s'enrouler autour des vaisseaux.

— Les ennemis, Césaire, je les taillerais en pièces une bonne fois; puis, après la messe d'action de grâces, je leur pardonnerais comme j'ai pardonné à l'Algérien.

— Ma foi, ce serait beau, et vous pouvez bien vous vanter de votre manière d'agir dans l'affaire que vous rappelez.

— Je veux, dit Marius, que madame en juge; et, si elle m'approuve, j'espère, sauvage, que tu te tiendras pour battu.

Je croisai les bras, et je pris en riant mon air le plus grave.

— Je jugerai, dis-je. Commencez votre récit, patron.

— J'étais, reprit Marius, avec Césaire, l'amiral Duperré et beaucoup d'autres, devant Alger. Nous venions pour enlever la ville, et c'est nous qui fûmes enlevés d'abord ; du moins Césaire, moi, et quatre-vingt-cinq de nos camarades. Nous, qui avions rêvé d'entrer en vainqueurs dans Alger, nous y entrâmes avec des chaînes aux pieds et au cou. Les Algériens, dans leur scélérate de langue, à ce qu'on nous apprit, demandèrent nos têtes. Le dey, sachant qu'il ne pouvait résister longtemps aux attaques de nos vaisseaux, refusa de nous tuer. S'il n'était pas dit dans l'Évangile : « Fais à ton prochain ce « que tu veux qu'on te fasse à toi-même, » nous serions probablement oubliés tous aujourd'hui. Le peuple, c'est bête dans ces occasions-là ! ça ne veut pas comprendre, et ça crie toujours vengeance, quitte à crier grâce de la même voix une heure plus tard.

— J'ai l'habitude de faire des réflexions lorsque je raconte cette histoire, et elle ne va jamais aussi vite que je le voudrais, dit naïvement le patron du *Sans-Peur*.

Nous étions donc, continua-t-il, quatre-vingt-sept prisonniers. Chaque matin, avant de nous mener à l'ouvrage, on nous distribuait. en manière d'encouragement, plusieurs centaines de coups de bâton. Cela, en face du peuple, qui prenait grand plaisir à nous voir rosser.

Le bourreau, un grand mauvais diable, jeune encore, s'acharnait après moi, parce que je criais plus fort que mes camarades, et que je réjouissais l'aimable assemblée avec mes grimaces.

Un jour, entre autres, je crus que je resterais sur la place. Le bourreau frappait, frappait encore, lorsque déjà je me sentais mourir... Songeant à mon amoureuse, je me mis à genoux, je joignis les mains, et je demandai que les autres coups me fussent épargnés jusqu'à ce que j'eusse repris des forces. Le bourreau, qui comprenait un peu le provençal, releva son bâton et frappa de plus belle. Je perdis connaissance...

Sur ces entrefaites, les Français s'emparèrent de la ville, et nous fûmes sauvés.

Dix ans après, un soir que je me promenais sur une des places de Toulon, j'aperçus tout à coup, en costume d'arabe, et tel que je l'avais encore dans ma mémoire, devinez qui? le bourreau d'Alger! Je vais droit à lui, je le prends par les épaules, je le regarde dans les yeux, et je lui demande s'il me reconnaît. Il cherche, et se souvient... Alors il pâlit, se trouble, et me répond : « Je suis en ton pouvoir, tue-moi! » Je pris le bourreau par le bras, et je l'emmenai... boire à sa santé! « Voilà, lui dis-je, barbare mon ami, comment un Français se venge! »

Le second du *Sans-Peur*, en entendant ces dernières paroles qui réveillaient en lui de terribles souvenirs, bondit comme un tigre qui voit sa proie lui échapper.

— Césaire, dit Marius, n'a jamais pu me pardonner ce trait-là. Ma foi, j'ai pensé qu'après tout le pauvre homme faisait son métier, et qu'il craignait peut-être, en ménageant ma peau, que le peuple ne ménageât point la sienne. Il paraît, madame, que pour les gens instruits, j'avais commis une belle action. Le lendemain, mon commandant me fit appeler et me répéta plusieurs fois : « Marius, tu es un brave garçon. » Et il me donna cinq francs.

Je tendis la main au patron.

Césaire, en voyant ce mouvement, ne se contint plus. Ses yeux lancèrent des éclairs et sa parole embarrassée jaillit à flots.

— Vous devriez ajouter, dit-il, qu'un mois après, jour pour jour, notre capitaine nous mettait en face d'un bâtiment marocain. Nous nous trouvions près de lui, vous et moi. Il nous commanda de monter à l'abordage. « Capitaine, lui demandai-je, combien me donnez-vous pour chaque ennemi que j'épargne? — Imbécile, répliqua-t-il, tue-les tous si tu peux! » Ce jour-là il avait raison; un mois auparavant il avait tort... Ah! continua le rameur en s'animant, c'est beau les batailles sur mer! Qui n'a pas vu deux escadres ennemies en présence et se saluant avec des boulets, n'a rien vu... Et dire que je suis maintenant sur cette coquille!

— Tu devrais partir pour l'Amérique, répliqua Marius. N'as-tu pas entendu hier la conversation de ces deux Anglais que nous avons conduits à la grotte Gardane? Ils racontaient que dans les pays d'outre-mer il se livre de grandes batailles où l'on tue beaucoup de monde sur la terre et sur l'eau.

— Je serais probablement parti pour l'Amérique, patron, sans ce que vos Anglais ont ajouté sur les navires en fer. Les poltrons qui combattent dans ces cages-là doivent manquer d'air. Je n'aime, moi, que les vaisseaux qu'un bon boulet peut percer de part en part.

— Tu radotes, dit Marius. Moi, madame, avant la conversation de ces Anglais je ne croyais pas à la guerre d'Amérique. Lorsque les parfumeurs de Grasse refusaient de payer plus de cinq sous la livre de fleurs de cassier qu'ils payaient vingt l'année d'auparavant, cela sous le prétexte que les Américains usent moins de pommade depuis qu'ils se battent entre eux à cause de leurs nègres, je me disais : « Voilà une plaisanterie bête ! »... Mais attention à la manœuvre; nous entrons dans le golfe de la Napoule. Hé, hop ! Amarre le bateau, Césaire, mets la planche à l'avant, et tiens-la ferme : il ne faut pas que notre dame se mouille les pieds.

Sitôt que nous fûmes à terre, le patron du *Sans-Peur* choisit près des rochers une belle place à l'ombre. Il y fit apporter par Césaire les coussins du bateau et y servit lui-même mon déjeuner.

Pendant ce temps-là je m'étais un peu éloignée, et j'approchais des ruines du vieux château de la Napoule, lorsque Marius courut après moi.

— Madame, me dit-il, revenez, je vous en conjure. Votre santé avant tout. Quand vous aurez pris du repos et des forces, je vous suivrai où vous voudrez.

Je me laissai ramener près de la mer, où je déjeunai.

Le patron et Césaire, de leur côté, attaquèrent leurs provisions avec une énergie et un accord qui me firent penser en riant à la poursuite de Marius et à la sollicitude qu'il venait de montrer pour ma santé.

— Nous promènerons-nous tout simplement dans la Napoule? demanda Marius, qui aimait à causer en mangeant; ou bien, après avoir visité les ruines, irons-nous voir les travaux du chemin de fer ?

— Ces travaux ont-ils quelque chose d'intéressant, patron?

— Oh ! rien du tout. Mais moi, voyez-vous, je suis comme les enfants : lorsqu'on perce une montagne, j'aime à voir ce qu'il y a dedans. A mon avis, madame, la poudre qu'on emploie pour faire des chemins de fer est bien employée. Je ne suis pas comme Césaire, moi, j'aime mieux une machine à vapeur qu'un canon.

— N'y a-t-il dans les environs que les ruines du vieux château et le chemin de fer à visiter? demandai-je.

— Je ne connais que cela, dit Marius. Plus

loin, nous avons la Sainte-Baume, le plus bel endroit du pays, où il faudra que je vous conduise un de ces jours.

— Pourquoi n'irions-nous pas tout de suite, patron ?

— Je crains qu'il ne soit trop tard.

— La brise est très-favorable, dit Césaire, que le déjeuner avait un peu adouci, nous aurions le temps...

— Alors, en route, s'écria Marius.

L'ERMITE

AU MÊME.

Nous nous rembarquâmes. Marius se mit au gouvernail, fit déployer les voiles, et dirigea la barque vers le cap Roux.

— Cette promenade va vous plaire, j'en suis certain, me dit Marius. Vous n'y trouverez pas seulement des points de vue.

— Qu'y trouverai-je encore?

— Un ermite. Je sais que les gens vous intéressent autant que les paysages, et que vous aimez parfois mieux interroger que regarder.

— Comment avez-vous pu deviner cela? dis-je étonnée.

— Je ne l'ai pas deviné, je l'ai vu; d'ailleurs je ne suis point un sot.

— Je m'en aperçois. Mais, patron, ajoutai-je, il y a donc encore des ermites dans votre pays ?

— Oui, madame.

— De vrais ermites, avec des capuchons garnis de coquillages et des chapelets au côté?

— Avec des chapelets et des capuchons, répéta Marius.

— Celui que vous allez me faire voir est-il moine, ou bourgeois, ou paysan ?

— Avant tout, madame, il est très-serviable. Ce qu'il a été, je ne peux le dire. Il pense comme un bon paysan et parle comme un bourgeois. Je l'appelle « le philosophe. »

— Et qu'entendez-vous par ce mot?

— Cela veut dire un homme qui se persuade que les riches ont autant de misères que les pauvres, et qui sait jouir de sa pauvreté mieux que certaines personnes de leur richesse; un homme qui s'applique à se faire une belle santé et un bon cœur plutôt qu'une grande bourse, et qui, finalement, oublie par raison le chagrin plus vite que la joie.

— Votre définition du philosophe en vaut une autre, dis-je en suivant d'un œil distrait le sillage de la barque.

Une demi-heure après, nous laissions le *Sans-Peur* dans une anse, à la garde de Césaire, et nous gravissions, Marius et moi, le sentier abrupte et nu qui conduit à la Sainte-Baume. Il faisait chaud. A tous moments je m'arrêtais, croyant ne pouvoir aller plus loin. Le patron m'encourageait de son mieux.

Quand j'arrivai près de la grotte, j'étais à bout de forces.

L'ermite, qui m'avait aperçue, vint à ma rencontre, et me fit avec simplicité les honneurs de sa retraite. Il me présenta de l'eau fraîche et des fruits de la montagne.

J'admirai longuement les merveilleuses stalactites qui décorent l'ermitage, et lorsque je me sentis remise de mes fatigues, je priai le vieillard de me conduire dans tous les endroits d'où l'on pouvait embrasser un vaste horizon.

Nous marchâmes en silence. Je contemplais l'infini de la mer.

— C'est un admirable pays que le nôtre, madame, dit tout à coup l'ermite.

— Oui, répliquai-je, mais ceux qui ne l'ont point regardé du haut des montagnes le connaissent à peine.

— Si belles qu'elles puissent être, reprit l'ermite, les vallées ne me plaisent pas.

— Ainsi, dis-je avec un sourire, ce n'est point seulement pour votre salut que vous habitez la Sainte-Baume?

— J'y vois tous les jours, madame, un spectacle qui, mieux que la pénitence, m'élève jusqu'à Dieu.

Surprise d'entendre un pareil langage, je considérai le vieillard avec curiosité.

— Il y a longtemps que vous vous êtes retiré ici?

— Trente années.

— Vous deviez être fort jeune alors?

— Oui, madame. A vingt-cinq ans, tout espoir de bonheur était perdu pour moi.

— A vingt-cinq ans, répétai-je, c'est trop tôt.

— Bien des gens vivent cent ans, qui n'ont pas été heureux un seul jour. J'ai connu la vraie joie. Si je l'ai perdue, je l'ai au moins possédée. Il me reste ce que j'achèterais encore aujourd'hui au prix de mes souffrances, il me reste des souvenirs.

— Sans doute le bonheur perdu peut laisser un souvenir encore doux, si l'irrémédiable l'a seul détruit; mais, autrement, peut-on ne pas se remettre chaque matin à sa poursuite?

— Lorsqu'on était deux et que la mort vous a séparés, où vivrait-on mieux qu'ici? demanda le solitaire.

Je ne répondis pas. Le vieillard songeait à ce passé dont une seule parole m'avait révélé le secret.

— Je veux, dit brusquement l'ermite, compléter la confidence. Vous êtes la seule jeune femme que j'aie vue à la Sainte-Baume depuis bien longtemps. Je ne sais pourquoi, mais il me semble, à cause de votre âge peut-être, que vous êtes faite pour comprendre mes malheurs. Deux ou trois paroles de vous me le prouvent.

— Je sais souffrir des souffrances de mes semblables, répliquai-je en lui tendant la main.

Il me fit signe de m'asseoir, se recueillit un moment, et commença ainsi :

En ce temps-là, la colonie maure qui habite le Tanneron, sur l'autre versant de l'Estérel, était encore moins civilisée qu'aujourd'hui. Les chefs de la colonie affectaient un grand dédain pour les Provençaux, pour leurs mœurs, pour leur caractère, et ne reconnaissaient, en fait d'autorité venant du dehors, que celle de la force. Depuis, le Tanneron a bien changé, pas assez cependant pour que les gens des vallons d'alentour s'en soient aperçus et se hasardent à pénétrer chez les nôtres.

A l'heure qu'il est, ce joli coin de l'Estérel passe encore pour un repaire de brigands, et l'on met volontiers tous les crimes qui se commettent dans la montagne sur le compte des Maures.

Je suis né à Tanneron même. J'ai poussé, sans trop y songer, avec les enfants de mon âge et les jeunes arbres de nos bois.

Devenu grand, je sentis que j'aimais passionnément une jeune fille, qui, de son côté, m'aimait de tout son cœur. Elle s'appelait Maria.

Nous ne pouvions être l'un à l'autre, parce que ses parents l'avaient promise à l'un de ses cousins. Le fiancé de Maria était tellement épris d'elle qu'il pensait bien moins à lui plaire qu'à presser le moment de leurs épousailles. Il avait quelque soupçon de notre amour, et nous épiait sans cesse. Dès que nous étions réunis, Maria et moi, nous étions sûrs qu'il était derrière nous et qu'il allait venir nous séparer brutalement.

Un jour enfin nous pûmes échapper à sa surveillance. Nous étant donné rendez-vous dans le chemin des Grès-Rouges, au bord du torrent, nous parvînmes à nous trouver seuls. J'oubliais l'heure ; quand Maria essayait de me la rappeler, je lui parlais de notre amour, et elle-même bientôt à son tour l'oubliait.

Dès que les premières ombres de la nuit descendirent, il fallut nous séparer. Je pris, pour rentrer au village, le chemin le plus long, Maria le plus court.

En traversant la place de l'Église pour regagner la maison de mes parents, je vis toutes les femmes et toutes les jeunes filles de Tanneron qui levaient les bras au ciel, s'arrachaient les cheveux et poussaient des cris déchirants.

— Pourquoi tout ce désespoir ? demandai-je.

Maria, qui s'était hâtée et connaissait déjà le motif de la désolation des femmes et des filles, s'approcha de moi et me dit :

— Elles pleurent parce que la maréchaussée de Grasse est venue enlever leurs fils et leurs fiancés pour en faire des soldats. Mon cousin est dans le nombre...

— Dieu nous a regardés ! m'écriai-je avec bonheur.

Hélas ! notre joie dura peu. Le lendemain du jour où son fils avait été enlevé, le père du fiancé de Maria, ayant rencontré la jeune fille, lui dit devant plusieurs personnes :

— Voici les dernières paroles de ton cousin, fais qu'elles ne sortent pas de ta mémoire : « Si Maria m'oublie, mort ou vivant, je reviendrai pour me venger. »

On se venge terriblement chez nous, et il ne faut pas compter sur le temps pour calmer la haine d'un fils du Tanneron.

Durant plusieurs mois j'évitai Maria. Je l'aimais assez pour ne pas jouer avec sa vie. Elle, de son côté, ne me cherchait plus. Nous étions désespérés.

Un matin que je coupais du bois sur les hauteurs, ma mère, en m'apportant à déjeuner, m'apprit que le cousin de ma bien-aimée était allé combattre les ennemis de la France par delà les mers et qu'il avait succombé. Ses parents venaient de recevoir la nouvelle de sa mort.

Trois semaines plus tard, dans l'église de Tanneron, le prêtre nous unissait, Maria et moi.

Comment peindre notre bonheur? Ma jeune femme était belle, bonne, intelligente, courageuse, parfaite enfin pour une fille de la montagne. Nous nous aimions de tout notre cœur. Quels instants sont comparables à ceux qu'on passe près d'une femme adorée? Nous vivions seuls dans une petite maison placée entre le Tanneron et les Adrets. Ce qui ne nous concernait pas l'un ou l'autre, ne nous intéressait d'aucune façon. Notre égoïsme était tel que nous ne nous apercevions pas qu'il nous manquait des enfants. Lorsqu'on s'aime comme nous nous sommes aimés, aveuglément, qu'on possède un abri, du pain, qu'on peut travailler ensemble, on se passe aisément des autres joies du monde.

Nous étions trop heureux ! Trop de gens, madame, en comparant leur sort au nôtre, pouvaient trouver la destinée cruelle. Je me suis répété souvent depuis, que, dans un monde où la souffrance et les larmes sont si communes, le bonheur est un crime qu'il faut tôt ou tard expier. Le seul moyen pour l'heureux d'obtenir son pardon serait, comme vous le disiez tout à l'heure, madame, de savoir souffrir des souffrances des autres, et de savoir mêler ses pleurs aux pleurs de son prochain. Or, c'est ce que nous nous gardions bien de faire.

Le jour de l'expiation était proche.

En rentrant chez moi, un matin, je vis Maria étendue sur le seuil, couverte de sang, mourante, assassinée ! Je criai, j'appelai, mais je ne devais pas être entendu. Nous avions voulu être loin du monde, afin que notre joie ne fût pas troublée : personne ne vint secourir notre infortune. Je cherchai inutilement à fermer la blessure de ma femme avec mes mains tremblantes. Je perdis la tête, je devins fou, je jurai de me venger.

— C'est le cousin qui m'a frappée, murmura Maria. Il est vivant.

— Je le tuerai pour de bon, moi, répétai-je égaré.

— Non, dit-elle, je ne veux pas que tu guérisses mon assassin de ses remords et que tu te guérisses de ta haine. La vengeance console, et il ne faut pas que tu m'aimes moins dans dix ans qu'aujourd'hui. Jure que tu ne me vengeras pas.

Je jurai le contraire de ce que j'avais juré une minute auparavant. Elle mourut. On me la prit pour l'enterrer. Quelle torture! Je ne quittais plus le seuil de ma porte, et je restais assis des journées entières à l'endroit où ma femme avait été frappée.

— Tu devrais travailler, me disait ma mère ; le travail calme la douleur. Mais chaque fois qu'avec ma sape ou mon pic je soulevais la terre, il me semblait que j'allais découvrir le corps ensanglanté de ma femme... et je m'éloignais avec désespoir.

Je revis l'assassin de Maria, et j'eus la force de ne pas violer mon dernier serment.

. . . .

Voici bientôt trente années que j'ai quitté le Tanneron. J'y vais seulement une fois par mois, depuis que les fruits sauvages ne suffisent plus à mon corps affaibli et qu'il me faut du pain.

Le meurtrier de ma femme a vécu sans avoir été aimé, et il est mort misérablement.

. . . .

J'étais un paysan grossier. Hors ce que m'avait appris l'amour, je ne savais rien au monde, et je vivais dans l'ignorance de toutes choses. Il ne m'était jamais venu à l'esprit d'admirer la nature et de chercher à comprendre ses enseignements. Dans la solitude complète où j'ai vécu, mon éducation s'est faite peu à peu.

Il a fallu que les mêmes beautés, que les mêmes voix de la nature eussent un grand nombre de fois frappé mes yeux et mes oreilles avant que l'idée me vînt de regarder et d'écouter.

Mais à force de voir les fleurs éclore sur les hauteurs et dans les précipices, les vagues écumantes bondir sur la mer pareilles à des coursiers aux longues chevelures, la mer s'éclairer aux feux du couchant et l'Estérel s'assombrir; à force de contempler notre ciel d'azur, nos nuits incomparables, j'ai voulu savoir ce que disaient toutes ces choses, et je le sais aujourd'hui.

La nature est généreuse : elle m'a conseillé le pardon du crime. Je ne hais plus, mais je n'ai point oublié, et j'aime encore.

Si la nature est généreuse, l'homme est aussi plus compatissant aux misères des autres hommes que je ne le croyais. Parce qu'un insensé m'avait brisé le cœur, j'avais fui sans regrets la société de mes semblables, les enveloppant tous dans une commune aversion. Le désespoir me rendait injuste.

Après une longue absence, je me suis rappelé au souvenir des gens de mon pays. Je leur ai tendu la main et ils ne m'ont point repoussé. Ils n'attendent cependant rien du pauvre ermite.

Si parfois, en me donnant un morceau de pain, les femmes du Tanneron me commandent des prières, je réponds en souriant que je n'en sais plus, que je les ai toutes oubliées. Et je ne mens pas !

Lorsque je reviens à la Sainte-Baume et que je me retrouve sur mon rocher, d'où je découvre à droite l'étendue jusqu'à Marseille, à gauche quatre golfes, et sur les glaciers des Alpes l'ombre qui monte de la terre ; lorsqu'à l'horizon les navires glissent sur les vagues comme le goëland et que leurs voiles blanches se perdent dans le ciel bleu ; lorsque les îles de Lérins m'apparaissent semblables à des jardins fleuris un instant détachés de la rive et mollement ramenés par le flot, quelles prières, quelles paroles, quels élans passionnés loueraient le Créateur autant que ma muette extase ? Je me jette à genoux, j'étends les bras, et c'est à peine si je peux murmurer : « Mon Dieu ! »

Après ces derniers mots, le vieillard pencha la tête sur sa poitrine et se tut. Tout ce que renfermait son cœur depuis trente années venait de se répandre. Il était calme et souriait.

— Votre éloquence est grande, lui dis-je au moment où il levait les yeux sur moi, et je comprends que l'homme puisse s'absorber dans la contemplation de la nature quand il sait y trouver de telles leçons.

Nous reprîmes le chemin de la grotte, lui tout ému des souvenirs qu'il venait d'évoquer, et moi pensant aux richesses qu'un cœur simple peut contenir.

UN RÊVE

A MONSIEUR LOUIS DE R.....

Bruyère, mars 1863.

Mon ami, vous aviez peut-être la prétention de croire que vous seul possédez dans vos montagnes du Jura des paysans de race sarrazine. Que votre orgueil, s'il en était ainsi, soit trois fois abaissé. Nous avons, comme vous, des Sarrazins entre Fréjus et Cannes. J'irais certainement aujourd'hui même m'assurer de leur authenticité, s'il n'y avait plusieurs obstacles. Le premier, c'est que personne ne veut me conduire dans l'Estérel où ils habitent, sous le prétexte que l'on ne revient pas de ce voyage. Inutile de vous parler du second et du troisième.

Voici, du reste, comment j'ai découvert l'existence de ce qu'on appelle à Cannes la colonie maure du Tanneron.

J'ai parmi mes connaissances les plus intimes l'ermite de la Sainte-Baume, successeur éloigné du grand saint Honorat. Ce brave ermite m'a raconté son histoire. La scène se passe au Tanneron et lui-même est Maure.

J'ai beaucoup interrogé les gens de Vallauris et ceux des villages qui environnent l'Estérel. Il n'y a qu'une voix pour dire que les Maures assassinent les Provençaux et les étrangers qui pénètrent chez eux. Les renseignements que je recueille se ressemblent tous. Je vous les donne en bloc.

Gardez-vous d'aller là, me répète-t-on. Ces Maures sont des sauvages. Ils vivent dans des huttes au milieu des bois. Leur montagne est un coupe-gorge. Promenez-vous de bonne heure, un matin, sur le marché de Cannes; on vous montrera quelques hommes avec des figures repoussantes et des vêtements en lambeaux : ce sont les gens les plus civilisés du Tanneron. Ils viennent vendre du bois volé dans la montagne pour avoir un peu d'argent. Les Maures du Tanneron se gouvernent eux-mêmes; ils ne payent point d'impôts. Si l'on veut les forcer à remplir leurs devoirs de citoyens, ils mettent le feu à l'Estérel et tuent les gendarmes.

Tout cela est, j'en conviens, très-effrayant; je me le dis, je me le redis, ce qui n'empêche pas que je songe sans cesse au Tanneron. En vain on me vante les beautés de certains points de vue, l'originalité de certains sites, le charme de certaines promenades... Le Tanneron me tient au cœur.

Je me suis juré de visiter tout ce que j'ai découvert du haut d'une montagne sur laquelle j'ai commencé à comprendre ce pays. Or, le Tanneron ferme l'horizon d'un côté, comme le col de Tende le ferme de l'autre. Je vais tâcher d'avoir un grand courage. En vérité, je vous le dis : faillir aux engagements qu'on a pris vis-à-vis de soi-même, c'est la pire des faiblesses. J'irai sûrement chez les Maures... Irai-je?

. . . .

. . . .

Je reprends ma lettre que j'avais interrompue. Ah! mon ami, voir le Tanneron, voir les Maures devient l'unique préoccupation de mon existence. Le jour, j'en parle sans cesse, et je demande au ciel un guide valeureux. La nuit, j'en rêve. Or, la nuit dernière, voici ce que je rêvai :

J'étais profondément endormie. Tout à coup, dans ma pensée, j'entendis comme un toc toc.

— Ouvrez, dis-je.

Une image fort sévère, drapée de couleurs sombres, se présenta.

— Qui êtes-vous? lui demandai-je.

— La Prudence.

— Que me voulez-vous?

— Eh! que veux-je ordinairement, sinon conseiller?

A ce moment une autre image plus souriante apparut sans s'être annoncée. Elle pirouettait avec aisance.

— Je n'ai pas besoin de me nommer, dit la

seconde image d'un air fat. Je suis partout chez moi.

A ce trait, je reconnus l'Amour-propre.

— Eh bien! dit la Prudence, parlons de ce qui nous amène.

— Commencez, madame, dit galamment l'Amour-propre.

— Posons le cas en deux mots : on veut visiter une contrée peu connue, mais il y a des dangers réels à courir.

L'Amour-propre : — Lorsque le danger est réel, la gloire est réelle aussi.

La Prudence se contenant avec peine : — Voilà une maxime qui pourrait occuper une place honorable dans un roman de chevalerie, mais qui, en cette circonstance, est tout simplement une sottise. Oubliez-vous que nous nous adressons à une femme?

L'Amour-propre : — Moi, l'oublier? Dieu m'en garde! Je suis Français!..

La Prudence : — Ne perdons pas de temps, j'ai fort à faire.

L'Amour-propre : — Nous parlons à une personne qui, pour plusieurs motifs que je n'énumérerai pas dans la crainte de passer pour flatteur, aurait le droit de s'occuper de choses futiles. Elle est sensée et préfère l'étude aux distractions de son sexe. Mais, pour qu'il lui soit pardonné d'agir autrement que la majorité des femmes, il faut que ses actions aient de l'éclat.

La Prudence : — Que diriez-vous donc si vous flattiez ? Point de ces détours. Expliquez-vous clairement.

L'Amour-prop : — Vous voulez comme d'habitude les points sur les *i*. Je les mets. On s'est moqué d'un pays qu'on n'avait pas vu, on a ridiculisé des beautés qu'on n'avait pas comprises ; puis, un beau jour, il a fallu admettre, par loyauté, que ce pays était splendide. Pensez-vous que nous devions nous croiser les bras après une semblable maladresse ? On a confessé bravement son erreur, d'abord. Aujourd'hui, il tombe du ciel un moyen de la faire excuser, et vous demandez qu'on le repousse ! Savoir mieux que personne une chose qu'on ignorait, voilà l'unique manière de se mettre à l'abri de ce que, moi personnellement, je crains plus que le feu, à l'abri du ridicule. Si la personne qui nous occupe a le bonheur de rencontrer dans l'étude en question un peu de danger, ne la plaignons pas, ce danger la sauve!

La Prudence, haussant les épaules : — Le mot est superbe! Un danger qui sauve me paraît avoir quelque analogie avec une fatigue qui délasse et un tourment qui tranquillise.

L'Amour-propre : — Ce danger la sauve, je le répète, car si ce danger n'existait pas...

— Ergo, dit la Prudence.

— ...Tout le monde aurait fait ladite excursion, et l'on ne pourrait se relever à ses propres yeux, ni aux yeux de ses amis... Enfin, l'esprit que nous guidons est plus fait pour céder à mes inspirations qu'aux vôtres.

La Prudence : — Hélas! je ne le sais que trop. Ici, je suis toujours vaincue par vous, et je ne trouve pas ces bons arguments qui me font ailleurs triompher de vos résistances. Mais, puisque nous sommes destinés à vivre côte à côte, ne nous fâchons pas. Cherchons plutôt des accommodements. Qu'on aille voir les Maures, je le concède, mais qu'on y aille sans plus de retards, car je suis dans des transes mortelles, et je désire que cela finisse d'une façon ou d'une autre...

— Alors, c'est entendu, on partira demain matin.

La Prudence : — Une dernière recommandation. Qu'on prenne deux guides au lieu d'un.

L'Amour-propre : — Comment donc! mais vous avez là une idée excellente, et j'entends qu'on la mette à profit. La bonne fortune, s'il arrivait quelque accident, d'avoir deux témoins de sa vaillance au lieu d'un.

La Prudence : — Vous êtes insupportable avec votre vaillance, et nous ne nous comprendrons jamais! Bonjour.

L'Amour-propre : — Attendez-moi un peu, je vous suis. Dès que l'aurore entr'ouvre les portes du ciel, on me réclame de tous côtés.

— Nous nous retrouverons, dit la Prudence.

Je m'éveillai...

Ma prochaine lettre, mon ami, vous racontera ma visite à la colonie maure.

L'AUBERGE DES ADRETS

AU MÊME.

Le matin qui suivit mon rêve, j'envoyai chercher une voiture et je partis. Une jeune brigasque m'accompagnait. Angélique — c'est ainsi qu'elle se nomme — portait les vivres nécessaires à l'expédition, et devait passer du simple rang de cuisinière qu'elle occupe chez moi, au rang plus noble d'interprète, si mes connaissances encore nouvelles dans le patois provençal venaient à me trahir.

Lorsque le cocher me demanda où nous allions, je lui indiquai l'Estérel, me gardant bien de nommer le Tanneron.

Au moment où je passais devant l'une des villas voisines de la mienne, j'entendis quelqu'un m'appeler. Bientôt une jeune femme que je voyais journellement depuis plusieurs semaines accourut sur la route.

— Qu'y a-t-il, chère madame? dis-je en me penchant hors de mon carrosse pour prendre deux mains qu'on me tendait.

— Mon mari est à la chasse. Je m'ennuie. Voulez-vous de moi?

— Mais je vais là-haut...

— Grand Dieu! et sans guide?

— A moins que vous ne m'en serviez.

— Je voudrais bien vouloir.

— Décidez-vous.

— Si je n'avais pas peur...

— Adieu, lui dis-je, il faut que je me hâte.

— De grâce, un instant. Il me semble que le courage m'arrive.

— Voyons, montez près de moi tout de suite.

Lorsqu'elle fut montée, je l'avertis qu'elle tremblait affreusement.

— Laissez-moi trembler, je vous en conjure,

me dit-elle... Angélique, descends et va raconter chez moi ce que tu sais de notre excursion.

Ma brigasque revint au bout d'un moment.

— Les domestiques de madame se sont mis à rire, dit-elle. Ils prétendent que madame veut les inquiéter, mais qu'elle reviendra sûrement avant d'avoir été là-haut.

— On ne m'humiliera plus ainsi demain, repartit la jeune femme.

— A l'auberge des Adrets! criai-je à notre conducteur.

— Oh! murmura ma compagne, c'est déjà effrayant.

— Voulez-vous que je vous laisse?

— Je ne vous quitterai plus. Le sort en est jeté!

— Vous vous dites si peureuse?

— Peureuse, peureuse! Je suis impressionnable, voilà tout.

— Pour quel motif essayez-vous de dominer aujourd'hui vos... impressions?

— Je n'entends pas les dominer... le pourrais-je d'ailleurs? Je veux seulement faire preuve de bravoure une fois pour toutes. Mon mari me répète soir et matin qu'une femme peureuse est sans cesse en danger. Ses plaisanteries me désolent. Si nous revenons de chez les Maures du Tanneron, j'inventerai une belle histoire qui mettra désormais mon courage à l'abri de toute attaque.

— D'après ce que l'on raconte, chère madame, je pense qu'il vous suffira de répéter ce que vous aurez vu.

— J'aimerais beaucoup mieux, je vous assure, que la réalité me fît défaut.

Lorsque nous eûmes quitté la plaine et laissé le Tremblant à gauche, la conversation entre nous s'alanguit.

— Il me semble, dit ma compagne, après un long silence, que nous devrions bannir de nos discours, en considération des dangers que nous allons braver, les formules cérémonieuses. Nous appeler « madame » en face du péril, ne manquerait pas de produire un vilain effet. Je veux vous nommer « Juliette. »

— Moi je vous dirai « Ivonne. » C'est convenu.

Sur la route, nous rencontrâmes trois hommes

d'assez mauvaise mine, dans lesquels mon amie voulut voir des forçats échappés du bagne de Toulon. Angélique et moi nous les reconnûmes pour des Italiens.

A mesure que nous nous avançions dans l'Estérel, je sentais mes dernières craintes se dissiper. Je cherchai à m'en expliquer la cause. Rien de plus facile à comprendre. Le jour était superbe, la lumière inondait toutes choses : comment croire aux fantômes? Les oiseaux chantaient, les fleurs fleurissaient : comment penser à la mort?

— Mesdames, voici l'auberge des Adrets, s'écria tout à coup le conducteur.

— O Dieux! soutenez mon courage! murmura la faible Ivonne.

Je descendis de voiture, et je pénétrai dans l'auberge, suivie d'Angélique.

L'aubergiste buvait en compagnie de deux vieillards et d'un jeune homme.

— Monsieur, demandai-je au maître de la maison, puis-je trouver ici un guide pour aller chez les Maures?

— Chez les Maures, madame! répéta deux fois l'aubergiste.

— S'il vous est impossible de me procurer ce guide, dis-je froidement, j'essayerai de m'en passer. Le Tanneron doit être derrière votre auberge, à gauche?

— Que voulez-vous faire au Tanneron, madame?

— Cela me regarde.

— De quel pays êtes-vous? reprit l'aubergiste, qui ne se décourageait pas facilement.

— De Paris.

— Ah! j'aime assez les Parisiens. Mais comment se fait-il que vous parliez notre patois?

— Probablement parce que je l'ai appris.

L'aubergiste, cette fois, se contenta de ma réponse :

— Ces trois hommes, me dit-il, en me montrant les trois buveurs, habitent la colonie Maure. Tous les trois peuvent vous servir de guide. Choisissez l'un d'entre eux. Je vous louerai des mules, et ce soir vous connaîtrez le Tanneron aussi bien qu'eux et moi.

— Grand merci, monsieur. Pour les mules, je ne fais pas de prix. On peut se méfier des gens de la plaine, mais non des gens de la montagne.

A ces mots hypocrites, les trois buveurs et le maître de l'auberge se déridèrent.

Ivonne était entrée dans la salle.

— Prenez pour guide ce jeune garçon, me dit-elle tout bas ; la jeunesse a toujours plus d'humanité.

— Nous choisissons pour guide le plus jeune de ces messieurs, répétai-je, afin que les filles du Tanneron regardent de notre côté et nous montrent leurs jolis visages.

Nous avions du bonheur. C'était le fils de l'aubergiste. Celui-ci, dans la crainte de mécontenter ses amis, n'avait pas osé nous le proposer, mais il parut très-fier de la préférence que nous accordions au jeune homme.

On sella trois belles mules, et notre petite caravane se mit en route.

Le cocher qui nous avait amenées fit un geste de désespoir en voyant nos mules s'engager dans le ravin qui conduit à la colonie.

— Soyez à la petite auberge de Saint-Nicolas, ce soir, à sept heures, lui cria le fils de l'aubergiste. Nous ferons le grand tour, et il faut que nous vous retrouvions sur la route de Fréjus le plus près possible de Cannes.

— Bien, bien, j'y serai, moi, repartit le conducteur d'un ton qui semblait dire : Pourvu que je n'y sois pas seul !

La pente du ravin est très-rapide; nous marchions attentives au pas de nos montures. Lorsque nous eûmes gagné le bois, Ivonne engagea la conversation avec notre guide.

— Vient-il souvent des étrangers au Tanneron ? lui demanda-t-elle.

— Je n'ai jamais vu que des chasseurs dans l'Estérel, répondit celui-ci, et ils allaient plutôt en pleine forêt qu'autour des villages.

— Savez-vous pourquoi nous sommes venues, nous ?

— Mon Dieu, non ; mais je ne serais pas fâché de l'apprendre, répliqua le jeune homme en souriant.

— Eh bien ! repris-je, c'est pour être autorisées à démentir les abominations qu'on raconte dans la plaine sur les habitants de l'Estérel.

— On a dû vous répéter cent fois que nous étions des assassins, et il vous a fallu vraiment du courage pour vous moquer de tous les dires.

— Comment se fait-il qu'on vous juge si mal ?

— Nous tenons si peu à être bien jugés ! La terreur que nous inspirons nous amuse. Si les habitants de la vallée nous méprisent, nous les méprisons à notre tour, et nous sommes quittes envers eux. Mon père est du Tanneron, et, croyez-moi, je suis aussi fier d'être sorti de là que d'être né à Grasse, à Fréjus ou ailleurs.

— On montre à Cannes des misérables qui viennent vendre tous les matins du bois et du charbon ; sont-ce des Maures ? demandai-je.

— Pas du tout ; ce sont de pauvres malheureux de tous les pays qui se réfugient dans l'Estérel et y vivent comme ils peuvent. Ils nous rendent quelques services ; ils font nos commissions. Quant aux Maures, ils sortent rarement de leurs montagnes. A Tanneron et aux Adrets, nos deux villages, on ne citerait pas cent personnes qui soient descendues dans la plaine. Pourquoi descendrait-on d'ailleurs? Chaque famille possède autant de terre qu'elle en peut cultiver et récolte tout ce dont elle a besoin.

— Comment nommez-vous ce ravin? dit Ivonne, que ces détails intéressaient médiocrement.

— Le ravin des Grès-Rouges.

Au milieu du sentier et sur les pierres brunies un clair ruisseau chantait. Les bruyères blanches répandaient leur suave odeur d'amande. Les genêts d'or, le romarin, la lavande fleurissaient à l'ombre. Seule, au bord du chemin, une asphodèle semblait défier les rayons ardents du soleil. Les pins en fleur semaient sur nos têtes leur poussière dorée. Le thym froissé à chaque pas des mules exhalait ses parfums enivrants.

— Le bel endroit! dit Ivonne.

Mais bientôt nous n'apercevons plus autour de

nous que des fleurs desséchées, l'herbe noircie, des arbres entièrement dépouillés de leurs feuilles. La forêt, si épaisse un moment auparavant, s'éclaircit tout à coup. L'incendie a passé là. Des chênes-liéges a demi-consumés étalent leurs plaies sanglantes.

— Comment le feu a-t-il pu prendre ici ? demandai-je à notre guide.

Il me répondit d'un ton embarrassé :

— Je l'ignore, madame.

Cependant le bois redevint touffu, l'herbe verte et les fleurs brillantes. Nous aperçûmes au loin, près d'un torrent, un petit berger avec douze belles chèvres blondes. L'enfant accourut pour nous voir.

— Pâtre, lui dit le fils de l'aubergiste, on me demande qui a pu mettre le feu à cette belle forêt ?

— Réponds, Pierre, que ce sont les bergers pour avoir un beau pâturage dans un an ou deux.

— Ah! m'écriai-je, si vous pouviez comprendre la beauté de ces montagnes, vous ne les abîmeriez pas ainsi.

— Nous savons que l'Estérel est la plus belle montagne de la terre, répondit le pâtre avec orgueil ; mais il faut qu'elle nourrisse nos chèvres, si elle ne veut pas que nous la quittions.

Cette naïveté nous fit sourire. J'arrêtai ma mule auprès du petit berger, et je repris :

— Comment saurait-on chez vous que l'Estérel est la plus belle montagne de la terre, si l'on n'en connaît point d'autres ?

— Ce sont les anciens qui le disent.

— Les anciens ne le savent pas mieux que les jeunes.

— Oh, que si ! ils l'ont entendu dire par d'autres anciens qui avaient parcouru le monde entier, et qui avaient choisi l'Estérel entre toutes les montagnes de l'univers pour y habiter.

— Est-ce qu'on prétend cela au Tanneron ?

— Croyez-vous, madame, répliqua fièrement le chevrier, que nous soyons nés des mêmes pères que les gens de la plaine ?

— Il est magnifique, ce pâtre, dit Ivonne.

Alors prenant une pièce de monnaie, elle la jeta au petit Maure.

Celui-ci ramassa la pièce et vint la donner au guide.

— Ton étrangère me prend pour un mendiant, dit-il ; rends-lui ça.

Et le chevrier disparut.

Ivonne était stupéfaite.

— Il y a beaucoup d'enfants à Cannes qui n'ont point cette fierté, dit-elle avec un peu d'ennui.

— Les enfants de Cannes aiment l'argent, parce qu'ils ont chaque jour mille occasions de le dépenser, repartit le guide ; mais un pâtre de l'Estérel n'a pas une fois l'an de ces occasions-là.

Nous entrâmes dans un village propre, bien bâti, et d'où l'on domine toutes les collines environnantes.

Dès que ma compagne et moi nous eûmes mis pied à terre, nous nous vîmes entourées par tous les enfants du pays. Ivonne, que l'incident du pâtre avait un peu contrariée, espérait prendre sa revanche à Tanneron ; mais pas un petit Maure ne nous demanda l'aumône, et si plusieurs tendirent la main, ce fut pour toucher nos vêtements de soie.

Il devait être environ midi, car les tables étaient dressées au milieu des maisons. Des jeunes filles et des jeunes garçons mangeaient assis sur le seuil des portes.

— J'ai faim, dit Ivonne.

— Monsieur Pierre, demandai-je à notre guide, voulez-vous nous trouver à l'ombre un bel endroit près d'une fontaine? Joignez-y, s'il se peut, une vue de la forêt semblable à celle que nous avons ici.

— Voulez-vous, madame, venir à la petite source?

— A la petite source! répéta gaiement Ivonne.

Pierre nous fit traverser le village dans sa longueur et nous arrêta au beau milieu d'un champ d'oliviers où coulait une eau limpide.

— Dans combien de minutes pourrai-je amener les mules? demanda notre guide.

— Mais, dit Ivonne, il nous faut au moins une heure pour déjeuner.

— S'il en est ainsi, nous ne devons point songer à visiter tout le Tanneron aujourd'hui.

— Revenez dans un quart d'heure, dis-je à mon tour.

— Ça va bien, répondit Pierre se servant d'un terme d'approbation très-usité en Provence.

Après avoir dit quelques mots à l'oreille d'Angélique, il nous laissa.

— Nous n'aurons, je crois, dit Ivonne, qu'à nous féliciter de notre expédition. Tout s'arrange à merveille.

— Les Maures, ajoutai-je, me paraissent fort paisibles, fort honnêtes et très-hospitaliers. Comment se fait-il que les gens de la plaine, qui sont leurs voisins, les connaissent si mal?

— Les Provençaux aiment mieux croire sur le Tanneron ce qu'ils croient depuis cent ans que de venir voir, répliqua ma compagne. D'autre part, les Maures, Pierre vous l'a dit, ne font rien pour être connus. Je puis vous certifier encore que ce n'est pas moi qui éclaircirai la question.

— Vous allez tout gâter, repris-je.

— Dame! je veux mettre à profit l'occasion, et me récompenser d'avoir su vaincre ma grande peur. Vous verrez le beau récit que j'inventerai.

— Voici le déjeuner, dit Angélique.

— Mangeons bien vite.

— Savez-vous, continua Ivonne, que si les choses se fussent trouvées telles qu'on le prétend à Cannes, nous commettions une véritable imprudence.

— C'est vrai, dis-je en riant; mais si l'on nous avait attaquées, nous nous serions défendues.

— Avec quoi?

— Avec notre courage.

— Oui, parlons-en. Le plus beau courage tout seul ne vaut pas la plus laide peur armée du plus vilain sabre ou du plus vilain fusil.

— Oh! quelles armes vulgaires vous choisissez pour votre comparaison!

— J'en choisirai une plus élégante pour mon histoire.

Bientôt le guide reparut.

— Excusez-moi, mesdames, de vous presser

autant, mais tout le monde dans le pays veut que je vous fasse voir l'église, et cela va nous retarder encore.

— Nous sommes prêtes ! dis-je en me levant.

L'église de Tanneron n'a rien de remarquable. Angélique seule trouva qu'elle était fort belle et ressemblait à l'église de la Briga.

Lorsque notre petite caravane quitta le village, les femmes et les jeunes filles, debout sur le seuil de leurs portes, nous regardèrent passer et répondirent par de gracieux sourires à nos saluts.

— Il est certain, me dit Ivonne, qu'on reconnaît sur tous ces visages le type mauresque. Tenez, cette vieille femme et cette jeune fille, peut-on, en les voyant, ne pas se rappeler les paroles du petit chevrier ? « Nous ne sommes « point nés des mêmes pères que les gens de la plaine. »

Au sortir de Tanneron, notre guide nous fit entrer de nouveau dans la forêt. Pierre nous montra par une éclaircie, aux dernières limites de l'horizon, le joli bourg de Fayance, entouré de ses hautes collines blanches, collines que les chèvres seules ne trouvent point infertiles, et qui n'ont pour tout vètement que l'ombre des nuages si légers et si rares dans le ciel de Provence.

— Maintenant, dit notre guide, il nous reste à voir le village des Adrets. Mais il se passera au moins deux bonnes heures avant que nous en apercevions les premiers toits.

— Ce sera bien long, répondis-je, et tout en marchant nous devrions, pour nous distraire, raconter des histoires. Voyons, Ivonne, commencez.

— Non, répliqua-t-elle, je suis trop timide, et je n'aime point à parler la première.

— Eh bien, si notre guide veut nous promettre de dire quelque chose à son tour, je commencerai.

— Je ne sais que des légendes, répondit Pierre.

— J'adore les légendes, moi, et je vais vous raconter celle des *Quatre fils Aymond :*

« Il était une fois... »

Je vous épargne la suite, mon ami, ainsi que l'histoire d'Ivonne, et je passe au récit du guide.

LA

VENGEANCE DE LA GRAND'MÈRE

AU MÊME.

Lorsque vint le tour de Pierre, il leva son grand chapeau et dit :

Cette histoire doit être racontée avec les paroles qu'employaient nos grand'mères d'autrefois pour la raconter à leurs petites-filles, qui sont nos grand'mères d'aujourd'hui.

C'était au commencement.

Il n'y avait guère dans le Tanneron qu'une cinquantaine de familles. Elles vivaient dispersées, mais plus unies que les familles de la plaine, dont les maisons sont souvent recouvertes par le même toit. La parenté de nos cinquante familles ne se perdait pas dans la nuit des temps. Tous étaient frères encore, et savaient le nom des premiers d'entre eux qui avaient habité l'Estérel.

Le Tanneron appartenait alors au seigneur de Mandelieu, qui le faisait garder.

Les gardes du seigneur de Mandelieu portaient des armes, et, lorsqu'on n'obéissait point à leurs ordres, ils tuaient.

— Pour obéir aux ordres des valets du seigneur de Mandelieu, il faut être serf, disaient les anciens du Tanneron. Les Maures n'ont jamais juré fidélité à personne, ils sont libres. Or, un homme libre se laisse tuer plutôt que d'écouter le commandement des esclaves ; s'il a des armes, il se défend. Si quelqu'un parmi les fils des Maures n'a pas reçu de son père un poignard le jour de sa douzième année, qu'il aille trouver le chef.

. . . .

Un soir, Zoé, petite-fille de Constance, rentra chez sa grand'mère plus pâle que les pâles rayons de la lune filtrant à travers les pins noirs, et plus chancelante qu'un jeune chêne secoué par le vent d'est.

La grand'mère était vieille et presque aveugle. Zoé s'approcha d'elle et lui prit le bras.

— Mère de mon père, lui dit-elle, où est mon frère ?

— Chez sa fiancée, mo enfant; que lui veux-tu?

— Grand'mère, il faut que je l'attende. Il porte à sa ceinture le poignard de mon père, et c'est avec ce poignard que je veux me donner la mort.

— Ah ! dit Constance en versant des larmes, serais-je donc destinée à voir mourir aussi la fille de ma fille ? Enfant, quel désespoir met dans ta bouche des paroles si cruelles? Aimes-tu le fils du chef et t'a-t-il repoussée ? Ton père et ta mère s'ennuient-ils de toi là-haut et sont-ils venus à l'aurore t'ordonner de les rejoindre? Ou bien...

Zoé interrompit sa grand'mère.

— Lorsque je serai morte, dit-elle en sanglotant, vous défendrez à mes compagnes d'effeuiller sur ma tombe leurs bouquets de roses blanches.

— Malheureuse ! s'écria Constance, tu es déshonorée et tu oses entrer dans la maison de ton père ?

La jeune fille alla s'asseoir sur le seuil de la porte.

— Mes yeux, avant de se fermer, ont vu la honte sur le front d'un de mes enfants ! Mes oreilles ont entendu l'aveu d'un crime sortir de la bouche de ma douce bien-aimée ! Lorsque ses parents, las avant moi de la terre, me l'ont confiée encore au berceau, j'aurais dû laisser entrer les loups dans ma maison et leur dire : « Cherchez, prenez tout ce qu'il y a d'impur ici ! » Ils eussent emporté l'enfant dont j'étais si fière. Aujourd'hui elle ne serait point venue pâle et chancelante me crier : « Il faut que je meure, et mes compagnes sur ma tombe ne pourront effeuiller leurs bouquets de roses blanches ! »

Ainsi parla Constance. Mais bientôt le frère de Zoé rentra.

— Que la joie habite un jour dans l'âme de ma sœur, dit-il, comme elle habite dans la mienne, et que son fiancé l'aime comme j'aime ma fiancée !

Zoé s'approcha de son frère et mit la main sur le poignard qu'il portait à sa ceinture.

Lui, croyant qu'elle voulait jouer ou couper par bandes égales la pâte qui sert au repas du soir, aida sa sœur à détacher le poignard de son père.

— Ah ! s'écria Zoé, c'est mourir trop tôt.

Ayant dit, elle frappa de toutes ses forces deux fois sur son cœur et tomba aux pieds de son frère.

Celui-ci crut rêver ; il prit sa sœur dans ses bras.

— Son nom ! son nom ! dit la grand'mère en se penchant sur la bouche de sa petite-fille.

— Le garde des fondrières, murmura Zoé.

Ce furent ses dernières paroles.

— Le garde, je le tuerai ! s'écria le frère qui avait tout compris.

— Les armes des hommes ne font pas assez

souffrir, repartit Constance; c'est aux femmes de venger un tel outrage. Que personne parmi les miens ne touche au coupable, s'il ne veut être maudit!

Trois mois se passèrent. Le garde vivait encore. Les vieillards du Tanneron attendaient la vengeance de la grand'mère.

Un soir, à l'heure même où Zoé était morte, la fiancée de son frère sortait de chez Constance et entrait dans la forêt. Elle allait à un rendez-vous. Qui l'attendait?

Lorsqu'elle fut arrivée au Rond-des-Pâtres, un homme s'avança vers elle.

— Vois, lui dit-il, je suis sans armes; tu n'auras plus peur, j'espère.

— Je crains d'avoir été suivie par mon fiancé, dit-elle; depuis ce matin il ne me quitte pas.

— Oh! combien tu as mal fait de m'empêcher de prendre mes armes! Il me semble que j'entends derrière nous des pas crier sur l'herbe sèche.

— C'est le bruit du vent; avançons.

— Pourquoi nous éloigner de la lisière du bois ? La lune est voilée, nous nous perdrons.

— La lune court derrière ce gros nuage noir pour nous éclairer tout à l'heure.

— Où t'arrêteras-tu, ma bien-aimée ?

— Aux fondrières.

— Non, non ! s'écria l'homme d'une voix troublée. Causons d'amour ici. L'orage menace et nous sommes déjà loin du village.

— J'entends des pas crier dans l'herbe sèche, dit la jeune fille.

— C'est le bruit du vent, ma bien-aimée, répliqua-t-il en la prenant dans ses bras.

La lune tout à coup repoussa le nuage noir et glissa sur un ciel pur.

— Es-tu Zoé la morte ? s'écria le garde des fondrières avec terreur. Tu portes les vêtements qu'elle portait ce soir-là... Est-ce du sang que je vois près de ton cœur, à la place où elle s'est frappée ? Oui, des pas crient dans l'herbe sèche. Des fantômes noirs nous suivent et nous devancent. Regarde, écoute !

— Ton esprit se trouble, dit-elle. Avançons

encore un peu. Nous voici près du grand chêne. Viens nous asseoir sous ses branches.

Elle le prit par la main.

— L'orage gronde dans la vallée, murmura le garde. Les éclairs brûlent mes yeux. La lune se voile encore une fois. Cependant tu ne trembles pas, ma bien-aimée! tu ne vois, tu n'entends rien! Allons nous asseoir sous le grand chêne et nous y causerons d'amour.

Mais au milieu de la nuit des voix nombreuses appellent :

— Zoé! Zoé! Zoé!

Le garde éperdu veut fuir. Une main sèche et froide le retient. Des torches s'allument. Douze jeunes filles entourent le coupable, et celle dont le faible bras lui semble un étau de fer, c'est Constance; elle est là pour venger sa petite-fille.

— L'heure a sonné, dit-elle.

— Au secours! au secours! s'écrie le garde qu'on attache avec des liens solides.

Il semble anéanti et n'essaye pas de se défendre.

— Que me voulez-vous, femmes? que me voulez-vous? murmure le misérable.

— Te tuer, répondent-elles.

— Grâce! grâce!

— Que son agonie soit longue! dit la grand'-mère. Veillons.

Le lendemain, Constance se présenta devant le chef et devant les vieillards.

— Voulez-vous voir, leur dit-elle, comment j'ai su venger la fille de ma fille?

Ils la suivirent jusqu'au pied du grand chêne, et ils aperçurent le cadavre du garde des fondrières à demi-brûlé.

— Tu peux, femme, dit le chef, quand reviendra le temps des roses blanches, en effeuiller un bouquet sur la tombe de ta petite-fille; elle est bien vengée.

— Vienne donc le temps des roses blanches, ajouta la grand'mère, je veux les voir fleurir encore une fois!

Notre guide se tut et nous regarda en souriant.

— Ah! l'affreuse histoire! s'écria Ivonne.

— C'est la moins terrible parmi celles que nous aimons à raconter aux Provençaux qui s'arrêtent à l'auberge des Adrets, répondit Pierre.

— Alors je m'explique la crainte qu'inspirent les Maures, et je comprends pourquoi les gens des vallons s'abstiennent de courtiser leurs filles, ajouta ma compagne.

LA MAISON DU CHÊNE RENVERSÉ

AU MÊME.

Mon ami, prenez patience, le récit de mon voyage au Tanneron est loin d'être terminé.

Nos trois mules pressaient le pas. Elles s'arrêtèrent bientôt devant la maison d'un Maure qui exerce à la fois le métier de charron, celui de maréchal et celui d'aubergiste.

— Voici probablement le village des Adrets, dit Ivonne ; nous allons descendre.

— C'est inutile, repartit le guide d'un ton qui ne souffrait pas de réplique, il n'y a rien à voir dans ce hameau.

Et Pierre frappa ses mules pour les faire marcher. Mais celles-ci, avisant une belle auge placée sous un chêne en face de la porte de l'auberge, refusèrent d'avancer. Alors des enfants, qui jouaient à la balançoire sur les planches du charron, se mirent de la partie. Le fouet du guide, les cris des petits garçons, quelques pierres, nos encouragements, une tardive réflexion, convainquirent tout à coup les mules de l'inutilité de leur résistance. Devinant à la fin ce que leur maître exigeait d'elles, les trois bêtes s'emportèrent.

Ivonne avait peur et se désolait tout haut. Le guide courait derrière ses mules et disait d'une voix essoufflée : « Là, là, mes petites. » Mais la voix des enfants dominait celle de Pierre, et les mules galopaient plus fort.

— Cours, Pierre, dit une jeune fille que le guide rencontra, cours, et rejoins tes bêtes. Si elles arrivaient les premières, Bathilde pourrait croire qu'elles sont plus pressées de la voir que toi.

Hors du hameau, le danger pour nous devint sérieux. Il y avait une pente rapide qu'on ne pouvait descendre au galop sans risquer d'être jeté au fond d'un précipice. Cependant les mules galopaient, galopaient toujours...

Mais après un dernier élan, et sans que l'une de nous pût deviner pourquoi, elles demeurèrent immobiles sur leurs quatre pattes; puis elles se mirent à brouter le gazon de l'air le plus tranquille du monde.

— Voilà, dis-je, un ravissant petit coin où nous pourrons goûter, dîner même, selon le bon plaisir de notre appétit.

Je sautai sur l'herbe. Ivonne, ayant sauté à son tour, suivit Angélique qui portait le panier aux provisions. Elle entraîna la Brigasque sous un buisson de noisetiers, tout au bord d'une fontaine, et là, sans m'attendre, elle se mit à manger.

J'avais devant les yeux une chaumière dont le seul aspect eût fait rêver le cœur le moins romanesque. Autour de la maisonnette les fleurs de sureau se mêlaient aux feuilles luisantes du lierre. Je pénétrai dans le jardin par une porte restée ouverte. L'aubépine, les sorbiers, les amandiers, un champ de lentilles, tout était de la couleur des neiges éblouissantes. On eût dit que ce domaine appartenait à une vierge, et que toutes ces fleurs blanches fleurissaient pour le jour prochain de ses noces. Je m'avançai sous les oliviers, et j'aperçus à travers une découpure de la montagne les vagues bleues de la Méditerranée.

— Madame! madame! cria Pierre.

Je me retournai. Sur le seuil de la chaumière je vis notre guide avec une belle jeune fille. Tous deux se tenaient par la main.

— C'est ma fiancée, me dit le fils de l'aubergiste, et elle s'appelle Bathilde.

— Habiterez-vous cette jolie maison? demandai-je.

— Oui, madame, les anciens le veulent, et nous sommes forcés de leur obéir.

— Mais il me semble que vous devez être bien heureux?

— Oh! oui, murmura Bathilde.

— Très-heureux, murmura Pierre.

— Ceux qui possèdent la maison du Chêne-

Renversé ne sont pas riches, dit un vieillard auquel les fiancés firent place, et cependant ils aiment à recevoir les étrangers.

— Je cours avertir l'autre dame, reprit notre guide ; veuillez entrer, s'il vous plaît.

Dans la maison, une vieille femme filait au fuseau.

— Que l'étrangère, dit-elle en se levant, soit la bienvenue aux Adrets !

— Puisse le bonheur, répliquai-je, habiter toujours ici !

Le souhait ne déplut à personne.

Pierre revint seul.

— La dame, dit-il, n'a pas voulu se déranger.

On m'offrit un peu de ce miel parfumé que les abeilles du Tanneron récoltent dans la vallée fleurie de Grasse.

En quittant la maisonnette, j'embrassai Bathilde et je mis à son doigt une petite bague.

Les parents de la jeune fille, le guide lui-même, furent extrêmement touchés de ce don et m'en témoignèrent leur reconnaissance.

On se serra la main. Le père de Bathilde

voulut que je promisse de revenir à la maison du Chêne-Renversé. J'avais essayé de plaire à ces braves gens, et j'y étais parvenue.

Je me suis dit souvent que plaire aux gens des villes et chercher à laisser une trace dans leur esprit, c'est écrire un mot sur le sable : autant en emporte le vent! mais que converser avec les gens des campagnes et s'appliquer à toucher leur cœur, c'est graver profondément son nom sur une rude écorce.

Nous trouvâmes au milieu de la route un chêne-liége que la foudre a renversé, et qui vit, couché sur la terre, depuis plus de cent ans.

— Ce chêne, dit le guide, a donné son nom à la maison de Bathilde.

Arrivés au second hameau des Adrets, notre guide nous fit descendre encore.

— C'est sur cette grande place, nous dit le fils de l'aubergiste, que nous fêtons chaque année la Saint-Marc. Toutes les jeunes filles et tous les jeunes garçons de la montagne s'y donnent rendez-vous pour danser. Sous les hauts frênes des tables se dressent, et les vieillards, en buvant, contemplent le Tanneron, que leurs regards embrassent tout entier.

La servante du curé des Adrets vint nous proposer de visiter la chapelle.

— Voyez, mesdames, nous dit la bonne femme en ouvrant les portes de la petite église, et devinez ce qu'il y a de curieux ici.

— L'énigme est trop difficile, répliqua Ivonne en riant, je donne ma langue aux chiens.

— Dans les autres chapelles, poursuivit la servante, les hommes occupent toujours le chœur; dans le nôtre, ils ne mettent pas même le pied dans la nef. S'ils veulent entendre la messe, ils sont forcés de monter honteusement par un escalier dérobé et de se tenir debout au pied de cette petite tribune.

— Vraiment, dit Ivonne, et pourquoi?

— Je n'en sais rien. M. le curé a trouvé cet usage établi, et il l'a respecté.

En route, je demandai à notre guide s'il savait, lui, pourquoi les hommes n'entraient pas dans la petite église.

— On raconte, dit le fils de l'aubergiste, que

dans le temps où nos prêtres se mariaient, l'épouse d'un curé de la chapelle, qui était une maîtresse femme, s'avisa un beau jour de défendre aux hommes l'entrée de son église. Elle disait que, puisqu'on les voyait partout dans le chœur, il fallait qu'aux Adrets on les vît dans les combles. Les hommes protestèrent, jurant qu'ils maintiendraient leurs droits; mais la prêtresse mit toutes les femmes de son côté, et elles agirent de telle sorte que les hommes durent abandonner leurs prétentions et céder la place. Les femmes étaient peu nombreuses à cette époque dans la colonie, et elles avaient une influence qu'elles ont su conserver depuis. Ce furent les jeunes gens qui donnèrent le signal de la retraite, car, au Tanneron, les filles sont belles, et il faut que leurs volontés s'accomplissent.

— Si toutes les filles, continuai-je, ressemblent à Bathilde, on a bien raison de leur obéir.

— Bathilde est une des plus gentilles, répondit Pierre avec orgueil. Ah ! quand je pense qu'ils refusaient de me la donner, j'en tremble encore! Figurez-vous, madame, que je ne cessais de me répéter : « Elle ne t'aime pas! tu es laid, maladroit, sot; tu n'as pas su lui plaire. » Et la pauvre petite, pendant ce temps-là, souffrait autant que moi.

— Est-ce bien possible? demandai-je, curieuse d'en apprendre davantage.

— Oui, madame, je vous l'assure; d'ailleurs, je puis bien vous raconter ce qui nous est arrivé.

— Tout ce qui se rapporte à Bathilde et à vous m'intéresse vivement, n'en doutez pas.

— Je vous crois, madame; puis, ajouta Pierre avec malice, vous aimez tant les histoires.

LES AMOURS DE PIERRE

AU MÊME.

Le fils de l'aubergiste parla ainsi :

Il y aura donc de cela trois ans à la Saint-Marc. J'étais venu à la fête pour voir le plaisir des autres. Je découvre tout à coup dans un coin Bathilde, de la maison du Chêne-Renversé. Elle se mettait pour la première fois au rang des danseuses, et elle était bien inquiète, car au Tanneron chacun prétend que le premier danseur d'une jeune fille devient presque toujours son mari.

Je m'approchai de Bathilde et je l'invitai pour une ronde.

Avant de prendre ma main, elle me dit en rougissant :

— Tu ne sais peut-être pas, Pierre, que je danse pour la première fois.

— Tant mieux, m'écriai-je. Si personne ne t'a demandé encore la première danse, c'est que tu n'as pas de fiancé, et, ma parole, tu es assez gentille pour que je désire le devenir.

— Comme tu y vas! répondit-elle.

Je m'amusai beaucoup ce soir-là. Lorsque la première émotion de Bathilde fut passée, je m'aperçus qu'elle était aussi bonne et aussi avisée qu'elle était jolie. Si j'avais pu, ce même jour, l'emmener chez mes parents, en faire ma femme, et lui jurer que je n'aimerais jamais qu'elle, la chère enfant, je n'aurais pas hésité une seule minute.

Je reconduisis Bathilde, et, au moment de la quitter, je lui dis sérieusement :

— Bathilde, je voudrais bien être ton fiancé.

— C'est impossible, répliqua-t-elle.

— Pourquoi?

— Parce que mon père ne voudra jamais de toi pour gendre, répondit la jeune fille en se sauvant.

Ces mots me surprirent à tel point que je ne songeai pas à poursuivre Bathilde pour lui en demander l'explication.

— Son père et sa mère, me dis-je, n'ont aucun motif de me refuser leur fille. Mes parents ne sont point malhonnêtes; moi-même, je n'ai rien à me reprocher. Bathilde ne m'aime pas, voilà tout; je lui ai déplu. Peut-être a-t-elle déjà choisi un amoureux?

Je m'en allai en pleurant.

Un jeune homme qui eût été élevé dans l'intérieur du Tanneron se serait, à ma place, consolé comme il aurait pu. Une fois refusé par la fille, à quoi sert d'insister? Moi, j'ai passé ma jeunesse sur la route, j'ai servi des étrangers, et je ne suis pas si fier. Je reparlai à Bathilde de mon amour, et je cherchai mille occasions de la revoir.

L'an dernier, à la Saint-Marc, je la fis danser encore, et, comme l'année précédente, je la reconduisis chez son père. Mais, au lieu de la laisser rentrer tout de suite, je la pris dans mes bras, et je la forçai de s'asseoir un moment à mes côtés, sur le grand arbre renversé.

— Bathilde, lui dis-je, je veux que tu m'aimes.

Elle se mit à sangloter.

— Bon, voilà que tu pleures, m'écriai-je avec colère, quand je donnerais tout ce que je possède pour te rendre heureuse. Ne pleures pas, ma petite Bathilde!

— C'est à cause de toi, répondit-elle, que je me désole.

— Tu ferais mieux de m'aimer.

— Mais je t'aime!

Je voulus la retenir et l'embrasser, mais cette fois encore elle s'échappa.

— Elle m'aime! elle m'aime! répétai-je avec bonheur; je l'aurai pour femme!

J'étais fou de joie. Mais tout à coup je songeai que, puisque Bathilde m'aimait, il devait y avoir quelque empêchement véritable à notre mariage, et je me désolai de nouveau.

Le lendemain, au petit jour, j'allai réveiller mon père et ma mère, et je leur dis :

— J'ai choisi pour fiancée Bathilde, de la maison du Chêne-Renversé, et elle m'aime. Voulez-vous que je la prenne pour femme?

— C'est une belle fille, répondit ma mère; elle nous fera honneur.

— Va la demander ce matin même à ses parents, si tu le veux, ajouta mon père.

Je m'habillai en grande toilette, je pris une mule, et je me rendis à la maison du Chêne-Renversé.

Comme aujourd'hui, le père était à la maison, et la mère filait près de la fenêtre. En me voyant, Bathilde devint tour à tour très-rouge et très-pâle. Les parents ne montrèrent aucune surprise, et je me persuadai que Bathilde avait déjà parlé en ma faveur. Cela me donna du courage.

— Que veux-tu, mon garçon? me demanda le père.

— Je veux votre fille pour femme, répondis-je sans plus de tournures.

— Hélas! mon pauvre enfant, nous ne pouvons te la donner.

J'avais le cœur bien gros, et, en me retournant, je vis que Bathilde avait plein les yeux de larmes. Cependant j'eus la force de dire :

— Qu'est-ce qui vous empêche de me la donner? Faut-il parler d'argent?

— Non, répondit le père de Bathilde, ce n'est point de cela que je m'inquiète. Tu es d'ailleurs plus riche que nous.

— Alors pourquoi?

— Tes parents sont du Tanneron, dit le père de Bathilde d'une voix grave, et ils ont quitté la montagne pour aller servir les étrangers sur la route. Nos anciens ne leur ont jamais pardonné. Depuis que tu es devenu grand, ils ont fait jurer à tous les pères du Tanneron qu'aucun d'eux ne te donnerait sa fille. L'an dernier, je suis allé leur dire que tu avais demandé à Bathilde de te prendre pour fiancé et qu'elle t'aimait; ils m'ont répondu que, de leur consentement, ce mariage ne se ferait point. Aujourd'hui, j'ai de nouveau essayé de les fléchir, et voici mot pour mot ce qu'ils m'ont dit : « Les garçons nous quittent forcément, lorsque nous ne parvenons pas à les racheter au roi. Ce n'est qu'en gardant nos filles que nous resterons ce que nous sommes. » J'ai toujours respecté la parole des anciens, et je ne saurais leur désobéir, quoiqu'il m'en coûte. Si les hommes ne montrent pas l'exemple de la soumission aux vieillards, les jeunes gens à leur tour repousseront les conseils des hommes, et tout ira chez nous aussi mal que dans la vallée. Mes pauvres enfants, ajouta le père de Bathilde, tâchez d'oublier que vous vous aimez !

Je sortis de la maison de Bathilde la tête à moitié perdue. J'eus l'envie de me jeter du haut de la montagne dans le ravin des Adrets.

En rentrant chez mon père, je lui répétai ce que je venais d'entendre.

— Ah ! les anciens se vengent, dit-il; mais je ne m'humilierai pas devant eux. Oublie Bathilde, mon pauvre petit !

Oublier Bathilde ! Les hommes mariés se ressemblent tous. Si on leur avait demandé, dans leur jeunesse, d'oublier leurs amours, n'auraient-ils pas souffert aussi cruellement que moi, et ne se seraient-ils pas désespérés comme je me désespérais?

Durant six semaines, je ne quittai pas l'auberge de la route. J'avais quelquefois des nouvelles de Bathilde et je savais qu'elle pleurait chaque jour.

Je crois que nous serions morts tous les deux, si mon père, un beau soir, n'avait pris le parti d'aller se soumettre aux anciens.

— Je n'ai qu'un fils, leur dit-il, et je ne veux pas le voir mourir. Je vous le rends. Si vous lui donnez Bathilde, je le laisserai habiter parmi vous.

Les anciens répondirent:

— Nous n'exigeons pas autre chose. Porte à ton fils la bonne nouvelle!

Lorsque j'appris par mon père ce qu'il avait fait pour moi, je m'écriai en l'embrassant :

— C'est la seconde fois que vous me donnez l'existence.

Je courus chez Bathilde sans prendre cette

fois le temps de mettre mes beaux habits. Le père était déjà prévenu. Quand j'entrai, ma fiancée se jeta dans mes bras. Jugez de notre bonheur!

Ivonne avait écouté ce récit avec une grande attention. Lorsque Pierre eut terminé, elle lui dit :

— Croyez-vous que vous ne regretterez pas votre auberge? Il me semble qu'au Tanneron vous allez vous ennuyer.

— M'ennuyer près de Bathilde! répondit Pierre avec un beau sourire.

Sur la route de Fréjus, nous retrouvâmes notre cocher.

Ivonne offrit à Pierre cinq francs qu'il accepta ; mais ayant voulu le payer à mon tour :

— L'anneau que vous avez donné à Bathilde vaut mieux que de l'argent, c'est de l'or... me dit le fils de l'aubergiste.

— Mais, mon ami...

— Vous savez, madame, ajouta Pierre en m'interrompant, que l'on fête aux Adrets la

Saint-Marc le vingt-cinq avril, et qu'à la maison du Chêne-Renversé vous serez toujours la bienvenue.

Puis le jeune homme s'éloigna.

— Ah! mesdames, s'écria notre cocher, quelle imprudence! D'après ce que les gendarmes m'ont dit, vous avez couru de grands dangers.

— Comment! vous avez parlé de notre excursion aux gendarmes?

— Oui, j'étais assez inquiet pour me permettre cela; mais ils ne m'ont point rassuré. Ils prétendent que les Maures ont encore assassiné l'un d'entre eux ces derniers temps, et qu'il est impossible de découvrir les auteurs du crime. Les brigands de la montagne vendraient plutôt un honnête homme qu'un assassin.

— Nous n'avons échappé à la mort que par miracle, dit Ivonne, et sans notre courage...

— Ah! oui, le courage, ça leur fait peur. Ces gens-là doivent être lâches. Tenez, madame, ajouta le cocher en s'adressant à moi, quand vous entreprendrez maintenant quelque excursion de ce genre, vous devriez me consulter. Je connais le pays mieux que personne. On dit que vous n'aimez point à aller où tout le monde va; eh bien! si vous le vouliez, je vous conduirais dans des endroits peu connus, mais où vous ne risqueriez point d'être tuée.

— Dans quels endroits?

— D'abord dans mon village, qui est une ville, et qui se trouve au beau milieu de la vallée, sur la crête d'une colline. Nos maisons, nos habitudes, nos manières, nos idées, sont du vieux temps. Mougins est fort curieux d'après moi. Il faut, pour monter chez nous, trois grands quarts d'heure. Aussi, quoique nous soyons près de la route, il vient peu d'étrangers et même peu de voisins nous visiter. N'étant critiqués par personne, nous gardons nos anciennes coutumes. Je suis certain que notre pays vous intéresserait beaucoup, madame.

— Ces excursions faites au galop me fatiguent, dis-je. Y aurait-il moyen de passer deux jours dans ce village, qui est une ville?

— Oui, madame.

— Alors, j'irai au commencement de la semaine prochaine. N'oubliez pas de venir me prendre un matin.

RÉCIT D'IVONNE

AU MÊME.

Ce long récit devrait se terminer avec mon voyage. Mais je tiens à vous montrer, une fois de plus, comment les légendes se forment, et quel intérêt coupable on peut avoir à fausser la vérité.

En revenant du Tanneron, le soir, j'accompagnai mon amie chez elle. Tous ses voisins étaient réunis dans son salon. Notre entrée fut accueillie par un hourra significatif. On nous croyait assassinées ou prisonnières.

Le mari d'Ivonne se précipita vers elle. En le voyant si ému, la jeune femme sourit d'un air de triomphe.

— Imprudente, imprudente! crièrent les voisins.

— Ma foi, répondit Ivonne, la bravoure n'est pas autre chose que de l'imprudence, et je me crois très-brave à présent.

— Que vous est-il donc arrivé?

— Oh! une foule de choses! Si vous voulez me prêter toute votre attention, je vais vous les raconter.

J'avoue qu'à ce moment la curiosité l'emporta chez moi sur la fatigue. Je m'assis près d'une table, et je feuilletai des albums avec une feinte indifférence, tandis qu'on se pressait autour de mon amie.

Je vous épargne, dit-elle, mille petits détails insignifiants, comme par exemple mon départ et notre voyage à travers l'Estérel... Nous voici donc, madame et moi, à l'auberge des Adrets. Dans cette auberge, il y a quatre buveurs dont la mine est peu rassurante. Mon amie s'approche d'eux et leur demande un guide pour visiter le Tanneron.

— Nous habitons tous la colonie, répondent-ils; choisissez parmi nous.

Ma compagne désigne le plus âgé.

— C'est le plus faible, murmure-t-elle à mon oreille, et, s'il nous attaque, nous en aurons plus facilement raison.

— Maintenant, il nous faut des mules, dis-je à haute voix.

— Je n'en puis mettre qu'une à votre disposition, réplique le maître de l'auberge.

— Une ! mais nous sommes trois.

La cuisinière de mon amie nous suivait portant les vivres nécessaires à l'expédition.

— Une ou rien, répète notre homme ; décidez-vous.

Nous acceptons.

Tandis que l'aubergiste et le guide vont seller la mule, notre cocher nous prend à part et nous supplie de retourner à Cannes. Nous trouvant résolues :

— Laissez-moi, murmure-t-il à voix basse, prévenir au moins les gendarmes.

— Faites ce que vous voudrez, lui dis-je.

Nous partîmes. Au bout d'une demi-heure de marche nous entrâmes dans une forêt incendiée au milieu de laquelle les chênes-liéges étalaient leurs plaies sanglantes. Rien de plus lugubre et de plus désolé que ce coin de terre.

À peine fûmes-nous dans la forêt que plusieurs petits bergers mal vêtus vinrent nous demander insolemment l'aumône. Je lançai au milieu d'eux plusieurs pièces de monnaie sur lesquelles ils se précipitèrent avec une avidité incroyable.

Mon amie et moi nous montions tour à tour sur la mule. Il nous fallut traverser un énorme torrent dont l'eau courait entre des grès rouges.

— Savez-vous le nom de ce torrent? dis-je à notre guide.

— Le ravin des Crimes, répondit-il.

Je me sentis défaillir.

— Arrêtons-nous, murmurai-je à l'oreille de mon amie; n'allons pas plus loin.

— Comme vous voudrez, dit-elle à haute voix. Nous pouvons déjeuner ici; l'eau de ce terrible ravin me paraît excellente.

— Vous déjeunerez dans le village, repartit

le guide. Nous y serons avant un quart d'heure, et je vous descendrai près d'une fontaine où l'eau est meilleure encore.

Il appelait cela un village ! C'était une réunion de huttes misérables entre lesquelles passaient et repassaient des femmes et des enfants presque nus.

Notre guide nous conduisit sous des arbres près d'un grand bassin au fond duquel croupissait une eau verdâtre et malsaine.

— Déjeunez, mesdames, nous dit-il brusquement, je reviendrai vous prendre dans un quart d'heure. Soyez prêtes, car nous n'avons pas de temps à perdre.

— Comment nommez-vous ce hameau? lui demanda mon amie au moment où il s'éloignait.

— Les Adrets. Mais il vous faut voir Tanneron, et c'est à trois heures d'ici.

— Mangeons, dit ma compagne. Je meurs de faim.

— Tout est prêt, dit notre cuisinière.

Lorsque le guide eut disparu :

— Vite, reprit mon amie, montons sur la mule et sauvons-nous.

— Qu'y a-t-il?

— J'ai revu les trois hommes de l'auberge; ils nous suivent et vont nous attendre sans doute dans quelque coupe-gorge. Ivonne, placez-vous la première sur la mule, et, pour l'amour de Dieu, ne lâchez pas la bride. Laissez-vous guider par cette bête; elle va reprendre, j'en suis certaine, le chemin de son écurie. Montez, Angélique. Avec vos gros souliers, vous frapperez sur notre monture. Tenez madame à la taille. Vite, à mon tour. Au galop!

La mule reprit en effet le chemin par lequel nous étions venues. Au bout du sentier se trouvait le torrent des Crimes.

— Du courage, du sang-froid, dit tout à coup ma compagne; les voilà! ils courent après nous...

J'entendis le bruit sec d'un pistolet qu'on arme. Mon amie avait l'intention de nous défendre. J'aperçus les quatre hommes. Angélique serrait ma taille à la briser. Ma compagne avait son bras gauche passé sous le bras de sa servante qui lui tenait aussi la taille.

Trois coups de pistolet partirent. Deux hommes tombèrent. Nous galopions toujours... Je comptai encore trois coups. Un troisième Maure était blessé. Le dernier s'écria :

— Combien ce mauvais petit fusil a-t-il de balles ?

— Douze ! répondis-je.

Le quatrième homme s'arrêta.

— Sauvées ! nous sommes sauvées ! répéta mon amie avec émotion. Au galop ! au galop ! Dès que vous apercevrez le grand chemin, Ivonne, prenez à gauche, la gendarmerie est de ce côté.

Quand nous fûmes sur la route, ma compagne éclata de rire.

— Avez-vous perdu l'esprit ? lui demandai-je.

— Non, dit-elle, mais je pense à la figure que nous devons faire sur cette mule !

Nous étions arrivées près de la gendarmerie. Les gendarmes, ayant entendu des coups de feu dans le bois, montaient à cheval pour voler à notre secours.

Le danger m'avait trouvé ferme; délivrée de toute inquiétude, je m'évanouis.

Le mari d'Ivonne, qui avait clos le récit de sa femme par une bruyante exclamation, ajouta, en s'adressant à moi :

— J'espère, madame, que vous ne dédaignerez plus les avertissements des Provençaux lorsqu'il s'agira de visiter leur pays. En tous cas, si vous êtes incorrigible, et si vous tenez absolument à paraître téméraire, je ferai en sorte que ma femme ne vous ressemble pas.

— La vaillance est une belle chose plus facile que je ne croyais, dit Ivonne.

— Tais-toi, méchante, répliqua son mari.

— Ne m'as-tu pas répété cent fois qu'une femme devait être courageuse?

— J'avais tort.

Je sortis bientôt du salon. Ivonne laissa un instant ses voisins pour me reconduire.

— Oh ! chère amie, me dit-elle, combien je vous suis reconnaissante. Je n'ai pas perdu ma journée. Décidément lorsqu'on est peureux, le meilleur moyen de sauver son honneur est d'être brave un jour pour avoir le droit de se reposer le lendemain.

— Vous parlez de bravoure, ma chère, croiriez-vous déjà par hasard à votre récit de tout à l'heure?

— J'avoue, repartit humblement Ivonne, que mon histoire m'avait un peu enflammée. Il ne tiendrait qu'à vous du reste qu'elle passât pour véridique.

— Je me réserve le droit, madame, de proclamer la vérité.

— Qu'y gagnerez-vous? Je vous certifie que ma version aura plus de succès que la vôtre, et que vous resterez une héroïne malgré vous.

— C'est ce que nous verrons.

— De grâce, ne me trahissez point. Je n'oserais plus me montrer nulle part après un pareil mensonge. Mon mari ne me le pardonnerait jamais. Vous êtes femme, ne perdez pas une femme.

Ce dernier argument me toucha.

— Peut-être me tairai-je, répondis-je en la quittant !

Près de Bruyère, je rencontrai l'Amour-Propre qui justement passait par là.

— Je sais tout, me dit-il. Vous garderez un silence absolu. Je compte Ivonne parmi mes fidèles, et je ne veux pas que vous lui fassiez tort. Je suis ravi de votre voyage et mon triomphe est complet.

Je me tus, en effet, pendant quelques jours ; mais un scrupule de conscience me prit et j'essayai de démentir le récit d'Ivonne. Je soulevai des tempêtes. On prétendit à Cannes que je voulais voir tout en beau après avoir vu tout en laid ; que je prenais plaisir à mettre de la poésie où il n'y en avait pas ; et que j'étais coupable, en faussant la réalité dans cette circonstance, parce que mon exemple pouvait entraîner d'autres personnes à visiter le Tanneron, et devenir fatal.

LE VENT D'EST

A MONSIEUR LAURENT P.....

Bruyère, mars 1863.

Je n'entends pas comparer nos deux mers. Votre remarque est juste : Les flots que vous aimez à voir déferler sur la plage normande où vous vous réfugiez pendant l'été, ont une agitation, un air de menace et de révolte que n'ont pas ceux de la Méditerranée. L'Océan est l'image de la force, et je ne crois pas que l'idée fût venue à un despote de le frapper pour le punir de sa désobéissance. La Méditerranée, au contraire, je le reconnais, a, jusque dans ses emportements, quelque chose de féminin. Ce n'est pas Neptune en courroux, c'est Amphitrite nerveuse. La mer qui baigne les forêts d'oliviers, de citronniers et d'orangers, n'est belle que dans le calme, lorsqu'elle chante, lorsqu'elle berce ses ondes dans les golfes, lorsqu'elle s'endort. Au ciel de Provence il faut sa limpidité, à la Méditerranée son azur.

Tout cela est vrai comme une vérité générale; mais la Méditerranée a aussi ses jours de spectacle extraordinaire.

Ce matin le vent d'est soufflait avec violence. Des tourbillons de poussière volaient sur la route et s'élevaient jusqu'au sommet des collines. Des vagues échevelées accouraient du large en grondant. Je regardais la mer. Elle avait cette teinte violette qui fait dire aux pêcheurs qu'elle va se mettre en grande colère.

Malgré le vent, je voulus voir les vagues de plus près. J'appelai une fille de la montagne qui me sert, et nous sortîmes. Elle, avec ses gros souliers, se tenait ferme sur le sol, mais moi j'étais sans cesse emportée au milieu des tourbillons.

Je me dirigeai vers le golfe Juan. Les femmes qui d'ordinaire chargent les poteries de Vallauris sur des navires, lavaient leur linge auprès des citernes, et mettaient à profit le vent pour le faire sécher.

L'une d'entre elles attachait avec des épingles de bois sa lessive à des cordes tendues.

— Est-ce une vraie tempête? lui demandai-je en montrant la mer.

Un pêcheur qui, sur sa porte, raccommodait ses filets, me répondit :

— Ah ! madame, si vous n'êtes pas contente de celle-là, vous êtes difficile. Des vagues qui vous viennent de trois lieues, et qui ramasseraient un coquillage au fond de la mer ! Regardez donc ce que les flots ont apporté d'algues depuis une heure ! Vous devriez, notre étrangère, aller voir la tempête du haut des remparts d'Antibes.

— J'y cours. Merci, patron.

Quelques instants plus tard j'étais sur la route d'Antibes, assise dans une voiture de paysan.

Le vent, près des portes de la ville, soufflait avec tant de fureur, que le brave homme qui me conduisait fut obligé de descendre pour traîner son cheval sous les voûtes, tandis que deux soldats poussaient sa voiture par derrière.

Sur le grand chemin, il pleuvait du sable; dans Antibes, il pleuvait de l'eau de mer.

Antibes, de toutes les villes fortifiées, est la plus ouverte à l'intérieur. On ne s'y sent point en cage. Les rues principales sont larges, et, des remparts, on a une vue splendide. Le port, qui tourne le dos à la mer, est des mieux abrités et des plus gracieux.

Les pêcheurs, qui, les jours de tempête, restent habituellement dans leurs maisons à parler de naufrages, étaient tous sur la place du marché. Ils regardaient les bourgeois et les femmes acheter des palmes pour la fête du lendemain.

— La mer veut bénir les rameaux, criaient les loustics chaque fois qu'une vague, brisée au pied des remparts et lancée par dessus les maisons, venait tomber en gerbe sur les marchandes et sur leur marchandise.

— L'eau bénite, répliquaient les mécréants, c'est comme la mer, simplement de l'eau salée.

Sur tout le littoral, le jour de Pâques aux rameaux est une grande fête. Au lieu des petites branches de buis que les croyants du Nord portent à l'église pour les faire bénir, chacun porte ici des feuilles de palmier. Les femmes du peuple se contentent de palmes vertes, dont l'effet est très-grand. Les bourgeois, afin de se distinguer, achètent des palmes sèches travaillées, qui coûtent cher et sont fort laides.

J'ai entendu dire que le jour de la fête des rameaux, à Cannes, tous les étrangers et les protestants eux-mêmes se réunissent sur la presqu'île de la Croisette pour voir descendre, par les chemins sinueux qui mènent à la haute église, les femmes et les enfants avec leurs palmes à la main. Lorsque sur le cours toutes ces branches mouvantes se mêlent aux branches fleuries des acacias, rien, paraît-il, n'est plus animé et plus original.

Mais, pour revenir à ma tempête, je quittai la place du marché d'Antibes et me dirigeai vers les remparts. La mer semblait arrivée au dernier degré de l'exaspération. Elle tournait sur elle-même avec une vitesse effrayante. Au large, sur une ligne brillamment éclairée, les navires fuyaient loin des côtes. Un pêcheur accoudé sur le parapet des remparts regardait les navires avec émotion. Le vent était si violent que je m'approchai de lui et le priai de me tenir par le bras.

— Votre mer est bien méchante, lui dis-je.

— Bien méchante! répéta-t-il. Elle brisera plus d'un vaisseau et tuera plus d'un homme aujourd'hui.

Mais tout à coup les flots s'apaisèrent comme par enchantement. On eût dit que la mer regardait au dedans d'elle et voyait venir quelque chose. Une trombe marine peu à peu se forma. Son pied reposait sur les vagues au milieu d'un tourbillon lumineux, sa tige avait l'élégance de l'asphodèle, et sa tête, semblable à la corolle ouverte d'un magnolia gigantesque, touchait le ciel. La nue abaissée vers le calice de la fleur des tempêtes buvait avidement l'eau amère. Elle se gonflait, devenait noire, si bien qu'à force de s'emplir elle creva.

Une vague immense engloutit la trombe, et se mit en marche, ramassant sur son passage toutes les autres vagues. Elle était d'un vert transparent. Déchirée par les rochers rouges qui abondent sur les côtes de Provence, elle se reformait aussitôt. Son allure batailleuse faisait songer au combat. Cette grande vague qui se déployait sur une vaste étendue avait l'air de marcher à l'assaut d'Antibes. Il me vint à l'esprit que ces flots ressemblaient à un régiment de conscrits. Ils marchaient serrés avec un sourd murmure. Ils s'encourageaient évidemment les uns les autres. Dans les rangs des soldats aguerris il y a plus de silence. En somme, ces flots conscrits se tenaient bien. Ils approchèrent des remparts d'Antibes, ils prirent leur élan... Allaient-ils être broyés au pied des bastions ou bien entreraient-ils dans la place? Ils y entrèrent, et, malgré les vœux que j'avais faits pour la victoire de la mer, je fus traitée en ennemie.

Sans mon compagnon qui me retint, j'eusse

été saisie par la vague et jetée contre les maisons.

— Je crois, me dit-il, que nous ferions bien d'entrer quelque part pour nous sécher.

J'étais littéralement inondée et j'acceptai de grand cœur la proposition du pêcheur, qui ajouta :

— Laissez-moi vous conduire ici tout près, chez un de mes amis. Il ne faut pas que nous traversions la place dans cet état. On nous prendrait pour des naufragés, on sonnerait le tocsin, tous les enfants de la ville courraient après nous, et l'on nous mènerait de force chez monsieur le maire.

Je fis un geste d'effroi.

— Mais heureusement, continua le bonhomme, avec un sourire, voici la maison de mon ami, et je le vois qui se chauffe auprès d'un bon feu.

MOUGINS

A MADAME ALIX DE P.....

Bruyère, mars 1863.

Ne m'accusez pas de négligence, car je vous assure que je suis très-occupée. Je me prends tout à fait au sérieux. Je me figure que si je n'accomplissais pas mes pérégrinations, le monde, au lieu de tourner à l'endroit, tournerait à l'envers, et que le grand soleil qui se couche dans la mer irait se coucher sur les Alpes. Avec de pareilles craintes, vous pensez si je me donne de la peine. Je vais, je vois, je viens et reviens sans cesse.

Après deux jours d'absence, je rentre à

Bruyère. Vous allez me demander ce que j'ai fait durant ces deux jours. Eh bien ! je serai enchantée de vous le dire.

L'autre soir, vers trois heures, je roulais dans un carrosse de louage sur le chemin de Grasse. Les champs étaient pleins de travailleurs qui se montraient les uns aux autres l'étrangère. Les paysans taillaient les oliviers, tandis que leurs femmes ramassaient les lourdes branches et que les petits enfants faisaient de grands feux pour engraisser la terre.

Arrivée à la Baraque, petit hameau situé au bas de Mougins, je descendis de voiture et je montai la côte à pied, entre deux champs de rosiers fleuris.

Dans le bourg, le carrosse et moi nous fîmes événement. Mon cocher arrêta ses chevaux sur la place.

— Où est l'auberge ? demandai-je.

— Il n'y en a pas dans la ville.

— Décidément ceci est donc une ville ?

— A Mougins, madame, on le prétend. Nous comptons dix-neuf cents âmes.

— Vous m'en direz tant! Alors où me logez-vous?

— Chez les gens les plus estimés, les plus instruits, les plus hospitaliers du pays. Ils parlent français comme des parisiens. Nous sommes un peu parents. Je les ai fait prévenir de l'heure exacte de votre arrivée, et ils vous attendent. Mais, continua le cocher, je laisse mon cheval ici, parce que les rues de Mougins ne sont point faites pour les voitures. Sachez, madame, que lorsqu'un habitant de notre ville rencontre dans la rue un mulet dont la selle est garnie de grandes corbeilles, s'il ne veut pas être écrasé contre les murs, il faut qu'il passe entre les jambes de la bête.

— Me voilà prévenue, dis-je en riant.

Sous les quatre platanes qui ombragent la place de Mougins, quatre bourgeois, vêtus de quatre habillements de laine brune, et suivis de leurs quatre ombres, se promenaient au soleil avec quatre parapluies de coton rouge étendus sur leurs quatre têtes.

Ma présence, qui semblait émouvoir beaucoup

la population du bourg, ne parut point les surprendre. Ils me remarquèrent à peine et conservèrent en cette mémorable circonstance toute leur dignité. Peut-être en eus-je un peu de dépit, car, m'adressant à l'une des jeunes filles qui m'entouraient :

— Est-ce que ces bonnes gens, demandai-je, sont en carton et à ressort?

Je désignai les bourgeois.

La jeune fille éclata de rire et répéta la phrase tout haut.

Les bourgeois l'entendirent et quittèrent immédiatement leurs allures majestueuses. Ils avaient su qu'une étrangère venait visiter leur pays, et ils s'étaient mis sous les armes afin de lui donner une bonne idée de la bourgeoisie de Mougins.

Mon cocher me conduisit chez ses parents. Je montai jusqu'au second étage d'une maison d'assez belle apparence, et je trouvai là tout préparé pour me recevoir.

Une femme d'environ cinquante ans, vêtue d'une jupe rouge et d'un corsage noir serré à la taille, me fit entrer et me pria poliment de m'asseoir.

— Madame, me dit la provençale avec simplicité, je vous remercie de l'honneur que vous nous faites. Mon mari, j'espère, ne tardera pas à rentrer pour vous souhaiter la bienvenue.

Comme elle achevait ces mots, un vieillard ouvrit la porte. Il me tendit la main.

— Je vais chez ma mère, dit le cocher. Si madame a besoin de moi, vous m'enverrez chercher. Ayez bien soin d'elle. Adieu.

Et il sortit.

Je regardais mes hôtes avec étonnement. Leur distinction me confondait. Ils allaient et venaient dans la maison, préparant de leurs mains le repas du soir.

Lorsque la table fut dressée, le vieillard me dit :

— J'ai mis nos couverts à côté du vôtre, madame, parce que votre conducteur m'a répété plusieurs fois dans sa lettre que vous n'étiez pas fière.

— Ce serait bien à moi d'être fière, répliquai-je en riant. Savez-vous à quoi je pense depuis une heure?

— Non, madame.

— Eh bien, je me dis que je suis chez un seigneur déguisé en paysan.

— Oh! madame, s'écrièrent à la fois mes deux hôtes, pouvez-vous flatter ainsi de pauvres campagnards!

Malgré cette vive protestation, je ne crois pas que la flatterie leur déplut.

Notre repas à peine terminé, les deux vieillards et moi nous nous entendions à merveille.

On m'a reproché souvent d'estimer les gens de la campagne au-dessus de leur valeur et de prendre trop d'intérêt à leur existence. Je sais que les paysans n'agissent pas mieux que les beaux messieurs et les belles dames de la ville, et qu'ils ont en moins l'élégance. Il faut cependant convenir qu'ils n'agissent pas plus mal. Ici je constate leur supériorité, car ils ne reçoivent, eux, que des notions très-incomplètes du bien et de la justice.

Peu de personnes recherchent la société des gens de la campagne, parce qu'il n'est point d'usage d'entrer en relation intime avec ses inférieurs. Ceux-là qui ne sont esclaves, valets et serviteurs que du sol, enseigneraient pourtant bien des choses à ceux qui sont aujourd'hui serviteurs, valets, esclaves de tous et de tout. Il y a une certaine indépendance, une certaine dignité qu'on ne trouve plus que chez les paysans.

Au village comme ailleurs il se commet bien des crimes; mais les natures n'y sont pas bonnes, ni fidèles, ni dévouées à moitié. Ce qui est pur reste pur; et de même que l'air des champs retrempe certaines organisations affaiblies, la fréquentation des paysans retremperait certains cœurs blasés.

Le calme de mes hôtes, leur tranquillité sereine, me rappelait la belle lenteur des paysans du Nord. Cette félicité, pour ainsi dire recueillie, dont les braves gens semblaient jouir, n'avait pas dû, selon moi, venir sans épreuves.

Notre société, au lieu de faire place au bonheur, le traite en ennemi et lui livre une bataille incessante, obligeant les heureux à se détacher d'elle. On dirait qu'elle a particulièrement en haine cette harmonie des cœurs qui se plaît à la vie contemplative, parce qu'il entre dans ses fins de maintenir envers et contre les individus les mobiles de son activité dévorante.

J'avais appris le nom de mes hôtes. Lui s'appelait Landry; elle, Honorine.

Lorsque la table fut desservie, nous nous assîmes près d'une fenêtre sur laquelle fleurissaient du réséda et des œillets. Le vieux et la vieille se tenaient l'un près de l'autre. J'occupais la place d'honneur. A travers les branches fleuries, mes regards pouvaient plonger dans la séduisante vallée de Grasse, mais ils s'arrêtaient plus souvent sur les deux têtes fières et douces de mes hôtes.

Comme les paysages, le front de l'homme a ses ombres et ses clartés. Le poëte interroge la nature, le philosophe interroge l'homme. Je crois, Dieu me pardonne, que je suis un peu philosophe.

— Avez-vous des enfants? demandai-je à Landry.

— Oui, madame, nous avons un fils; mais il nous quitte tous les hivers pour gagner sa dot. A Mougins, les jeunes gens sont tenus d'apporter un petit domaine en mariage. Ceux qui n'ont rien se vendent et se font militaires. Notre fils n'a pas de goût pour le métier de soldat et il travaille à Nice chez les étrangers.

— Les promises consentent au départ de leurs promis pour l'armée? demandai-je, songeant aux jeunes filles du Nord.

— Les fiancées, madame, ont l'habitude de voir partir leurs fiancés, et elles ne se désolent point comme les filles des autres pays. Pourtant, depuis quelques années, la coutume de se faire soldat semble disparaître, et l'on affirme que nous en sommes un peu cause.

— Comment cela?

— Oh! madame, pour vous répondre, il faudrait nous reporter jusqu'à l'époque de notre mariage et vous dire toute notre existence.

— Eh bien, qui vous en empèche? demandai-je d'un ton suppliant.

Honorine consultait son mari du regard.

— En effet, qui nous en empêche? répéta l'hôte avec bonne humeur. Commence, Honorine. Quand je te verrai lasse ou embarrassée, je raconterai à mon tour.

HONORINE ET LANDRY

A LA MÊME.

Honorine commença ainsi :

Les conscrits de notre bourg étaient allés tirer au sort à Grasse dont ils revenaient de bonne heure. Arrivés au petit hameau de la Baraque, ils descendirent de voiture, et, bras dessus bras dessous, ils montèrent la côte de Mougins en chantant.

Les sœurs et les fiancées, qui, selon l'usage, les avaient accompagnés à la ville, restèrent dans les voitures; mais, moi, je suivis les garçons.

J'étais triste, et, au lieu de répéter, comme

les autres jeunes filles, le refrain des chansons, je songeais. Tout à coup je pris mon courage à deux mains et je criai bien haut :

— Césaire, Césaire!

— Qui m'appelle? demanda l'un des conscrits.

— Moi.

— Que me veut ma petite fiancée? dit Césaire.

— Elle veut te parler.

— Présent, alors!

Les conscrits recommencèrent leurs chansons. Mon fiancé et moi nous marchâmes derrière eux.

— J'ai beaucoup de choses à te demander, dis-je à Césaire, et il faut que tu me répondes avant de rentrer à Mougins. Tenons-nous un peu à l'écart, et causons sérieusement, si cela t'est possible.

— Ah! ah! repartit Césaire, voyez-vous cette personne de quinze ans! Ne voudrait-elle pas donner des leçons à un homme de mon âge?

— Si tu plaisantes, Césaire, je me tais.

— Allons, j'écoute. D'ailleurs, continua-t-il en voyant mes yeux pleins de larmes, je conviens que tu es plus raisonnable que moi. Je trouve même que tu l'es trop. Cela quelquefois m'impatiente; mais, d'un autre côté, tu es si bonne fille que je te pardonne volontiers ta sagesse.

— Merci bien ! Pour moi, je ne suis pas si généreuse, et je t'en veux beaucoup d'être si étourdi.

— Vraiment?

— Oui. Une autre chose en toi qui me déplaît pour le moins autant, c'est que tu as toujours à la bouche des expressions de soldat. Enfin, si tu m'accordes ce que je vais te demander, tu pourras être ce que tu voudras, je ne te reprocherai jamais rien et je t'aimerai encore davantage.

— D'après ce que je viens d'entendre, mademoiselle, reprit-il, vous n'auriez pas grand mal à m'aimer un peu plus, car vous ne m'aimez guère.

— Tu sais, au contraire, que je t'aime de tout mon cœur, et que le jour où nos parents nous ont fiancés, j'ai été bien heureuse. Si l'on m'avait donné à choisir, c'est toi que j'aurais choisi, tu n'en peux pas douter... Mon Césaire, ajoutai-je en tremblant, tu as tiré tout à l'heure un bon numéro; que comptes-tu faire?

— Ce que font tous les jeunes gens de Mougins. Je veux défendre la France pendant sept années. Riche, je m'engagerais; pauvre, je me vends! Je voyage ainsi pour rien, je m'instruis, et, à mon retour, j'achète un domaine.

— Et moi?

— Attends donc... Dans sept ans, je revois le pays; je suis riche et j'épouse ma fiancée qui est devenue plus belle, plus grande et plus raisonnable encore.

— Césaire, m'écriai-je, ne te vends pas, ne sois point militaire!

— Quoi, reprit-il stupéfait, une fille de Mougins! Tu me dis de ne pas me faire soldat; mais c'est une plaisanterie!

— Je n'ai guère envie de rire, va. Je souffre beaucoup. Si tu pars, emmène-moi; je te suivrai, je travaillerai, je vivrai de privations. Qu'importe! puisque je t'aime. Ici, je mourrais d'ennui.

Ni les fêtes, ni les danses, ni les compliments des garçons, toutes choses qui aident les filles de Mougins à prendre patience, ne m'amusent, moi. Tiens, il y a des mots que je voudrais trouver pour te convaincre. Je sens des choses que je ne peux exprimer. Si j'étais une demoiselle de la ville, si j'avais reçu de l'instruction, je te dirais ce que je vois dans mon cœur et tu ne partirais point. Oh ! reste, reste, je t'en supplie ! Si tu me quittes, je ne sais ce qui arrivera...

— Crains-tu donc, Honorine, de ne pouvoir m'attendre ? M'aimerais-tu moins que je ne t'aime ?

Impatientée, je répondis :

— Voilà ton refrain ! C'est moi seule, entends-tu, qui ai le droit de t'accuser. Ne préfères-tu pas à mon amour des pays nouveaux, de l'argent, de beaux habits, des camarades que tu ne connais pas encore ?

— Mais, reprit-il, nous ne pouvons nous marier tout de suite, tu es trop jeune.

— Eh bien ! nous nous marierons l'année prochaine, et, en attendant, je te verrai tous les jours. Tandis que, si tu es soldat, nous ne nous marierons que dans sept ans ou huit ans... ou jamais.

— Tais-toi, méchante, répliqua-t-il; tu as des idées que je n'ai pas, et qui me bouleversent parce que je ne puis les comprendre. Je t'aime autant que l'état militaire, et, peut-être, s'il me fallait choisir entre lui et toi...

— Eh bien! choisis!

— Honorine, Honorine, que dis-tu? Si j'essaye de m'expliquer tes idées, essaye donc aussi de t'expliquer les miennes; sans cela, même en nous aimant beaucoup, nous serons très-malheureux. Tu répètes souvent que je suis étourdi, emporté, que je recherche trop les amusements. Tu as raison. Je manque d'air à Mougins. Quand je fais le tour de nos murs, il me semble que je suis dans une cage. Il faut que je sorte d'ici, que je coure le monde; il faut que je marche durant quelques années au bruit du tambour et de la trompette. Lorsque les régiments passent sur la route, je sens mon cœur battre dans ma poitrine, et je suis tenté de suivre les soldats comme un enfant. Il faut que je possède un uniforme, un beau fusil reluisant, pour m'en lasser... D'ailleurs, à Mougins, si je restais, on m'appellerait lâche, et je tuerais le premier homme ou la première femme qui se permettrait une moquerie sur mon courage. Toi même, Honorine, lorsque nos enfants grandiraient, que seul, dans le pays, je n'aurais rien à leur raconter, ne regretterais-tu pas de m'avoir retenu? Songes-y, et, comme tu es plus savante, tu verras mieux que moi combien j'aurais tort de te céder.

— Hélas! répliquai-je, autant j'ai de goût pour la vie de ménage, autant tu en as pour la vie de garnison.

Césaire garda longtemps le silence.

— Le mieux, dit-il enfin, sera de prendre conseil de nos parents. Nous dînons ce soir tous ensemble. Nous nous expliquerons devant la famille. Tu donneras tes raisons, moi les miennes, et, ce qui sera décidé, je m'engage à le faire.

— Alors tu partiras? m'écriai-je en sanglotant.

Un des camarades de Césaire, qui peu à peu s'était rapproché de nous, vint à moi et me demanda ce que j'avais.

— Figure-toi, répondit mon fiancé avec colère, qu'elle pleure parce que je veux me faire soldat. Elle ne peut comprendre pourquoi je résiste à ses supplications. Je lui dis que je suis de Mougins, que j'ai naturellement du goût pour la guerre, et que je ne tiens pas à m'entendre traiter de lâche. Que penses-tu de cela, réponds?

— Je pense que tu as probablement tort et qu'elle a probablement raison.

— Par exemple! je te voudrais voir à ma place... Au fait, ton cas est à peu près semblable au mien. Tu as pris un mauvais numéro; mais comme fils de femme veuve tu es libre de rester au pays : resteras-tu, mon camarade?

— Oui.

— Est-ce possible?

— Ma mère m'a supplié aussi de ne point partir, et moi, Césaire, je n'ai point comme toi la force de résister aux prières de ceux que j'aime. Mon goût pour l'état militaire, d'ailleurs, n'a rien d'exagéré.

— J'entends, reprit mon fiancé, qui toisa son ami d'un air fort dédaigneux. Tu es né maître d'école, monsieur le savant, et tu préfères un livre à un bon fusil. Je n'ai pas été heureux en tombant sur toi, et j'aurais dû demander conseil à d'autres.

Le jeune homme haussa les épaules.

On était à la porte des remparts de Mougins.

— En rang ! cria le tambour.

Césaire se hâta d'obéir au commandement. Son camarade resta près de moi.

Les conscrits firent leur entrée dans la ville, tambour en tête. Arrivés sur la place, ils reçurent les compliments des bourgeois. On cria : « Vive la France ! » Puis les rangs se rompirent, et chacun s'en alla où l'attendait un dîner de famille.

Césaire, ses plus proches parents et les miens, avaient été invités chez mon père. Tout le monde était joyeux, excepté moi.

— Tu as gagné gros ce matin, disaient les

vieillards à mon fiancé. Les hommes de ton temps méritent d'être remplacés, ils payent bien.

— Les domaines aussi sont plus chers qu'autrefois, répliquaient les vieilles femmes. Mais notre conscrit est grand garçon ; il aura de bel argent pour un service de sept années.

— Si je pars... ajouta Césaire.

— Es-tu fou ? lui demanda-t-on.

— Honorine, reprit-il, me défend de quitter Mougins.

— Ne vas-tu pas tenir compte des paroles d'une enfant ? lui dit un de ses oncles.

— Explique-toi, repartit mon fiancé en me regardant d'un air de défi.

— Qu'elle se taise, qu'elle se taise ! s'écria-t-on de toutes parts.

— Honorine ne veut pas m'attendre, recommença mon fiancé, déjà un peu étourdi par le vin.

— Nous te la garderons, Césaire, sois tranquille, répliqua l'une de mes tantes.

— Quand tu seras parti, elle fera comme les autres, ajouta mon père. Elle ne s'imagine pas sans doute que pour ses beaux yeux on va changer les usages.

— Honorine, tu ne réponds rien, dit Césaire. Vois-tu que je n'avais pas tort?

Je me tus. Pouvais-je parler? Je sentis qu'il me serait aussi difficile, à moi, de convaincre nos parents, qu'à eux de me faire accepter leurs raisons.

Césaire quitta Mougins. Quand arriva le moment de notre séparation définitive, mes sanglots parurent l'émouvoir. Je crois que, ce jour-là, s'il avait tenu dans sa main le traité qui l'obligeait à partir, je crois qu'il l'aurait déchiré.

. . . .

— A mon tour de conter, dit l'hôte.

HONORINE ET LANDRY

A LA MÊME.

Mon hôte reprit :

Honorine, par nature, aimait le calme, et, si je puis parler ainsi, la certitude. Elle souffrait beaucoup de voir l'existence de son fiancé livrée à tous les hasards de l'absence, de la guerre, et de se voir elle-même condamnée à sept ans de mortels soucis.

La jeune fille, d'ailleurs, ne se sentait pas le courage de lutter contre elle-même, parce que, comme elle vous l'a dit, il lui semblait qu'elle avait raison et que tout le monde autour d'elle avait tort.

J'étais le proche voisin d'Honorine. Ma mère était très-liée avec la sienne, et nous nous connaissions depuis notre enfance.

Elle était la seule parmi les petits garçons et les petites filles de mon âge qui vînt me demander de jouer avec elle. Quand j'étais jeune, tous mes camarades s'éloignaient de moi. On m'appelait : « Monsieur le savant, » parce que je lisais et que j'étudiais sans cesse. Je recherchais surtout la société de notre maître d'école, homme fort instruit, qui s'occupait beaucoup de moi.

Longtemps il m'avait semblé que ma voisine partageait mes goûts, et je fus bien surpris le jour où elle se laissa fiancer au plus étourdi, au plus ignorant de nos camarades.

Toutes les femmes, me dis-je, se laissent éblouir par les apparences, et la meilleure n'est pas digne d'un homme qui voudrait consacrer son existence entière à la rendre heureuse.

Je croyais n'avoir pour Honorine que de l'amitié. Lorsque je l'avais vue pleurer, en revenant de Grasse après le tirage au sort, cela m'avait fait à moi-même un vrai chagrin. Quand Césaire fut parti, la sachant triste, j'essayai de lui procurer quelque distraction. Le soir, j'accompagnais ma mère chez la sienne, je faisais tout haut la lecture. Le dimanche, au lieu de courir les fêtes avec les jeunes gens du pays, ma voisine et moi, nous allions sur un ancien rempart de la ville qu'on appelle la Terrasse, nous causions de tout ce que j'avais appris et je l'instruisais. Souvent aussi nous nous entretenions de Césaire.

Au bout de huit mois, le fiancé d'Honorine, qui possédait toutes les qualités nécessaires à un bon soldat, avait conquis un premier grade. Dans ses lettres, ce qui dominait visiblement, c'était le désir d'avancer. Mon amie s'inquiétait beaucoup de savoir si, après sept ans, Césaire consentirait à quitter sa position pour revenir à Mougins cultiver la vigne, tailler les oliviers, faire la vendange et la moisson comme un simple manœuvre, lui qui déjà commandait.

Un jour, une lettre du caporal apprit à la jeune fille qu'il était, sur sa demande, envoyé en Afrique.

Césaire se réjouissait de ce départ, qui devait hâter, prétendait-il, son avancement.

Si je m'intéressais au sort d'Honorine, elle, de son côté, s'intéressait au mien.

— Landry, me disait-elle, pourquoi ne choisis-tu pas une fiancée ?

Je répliquais :

— Parce que les filles de Mougins n'aiment que les soldats.

— Eh bien ! cherche ailleurs. La Provence est grande. Il faut se marier jeune, lorsqu'on n'aime pas les fêtes. On n'a dans les villages, avec nos goûts, qu'un bonheur, c'est d'aimer et d'être uni à ce qu'on aime.

— Je n'ai pas là-dessus tes idées, répondais-je. Je ne veux ni aimer ni me marier.

— Tu t'ennuieras un beau jour de vivre seul, et tu feras quelque sottise.

— Je ne m'ennuierai jamais.

— Ah ! tu es bien heureux de pouvoir dire cela ! répétait-elle.

Un soir que nous avions pour la dixième fois une conversation sur le même sujet, j'ajoutai, à son grand étonnement :

— Je m'ennuie, j'ai besoin de m'étourdir, je

suis inquiet. Je veux courir les fêtes, non parce que j'aime aujourd'hui les distractions que je détestais hier, mais parce que je souffre, et qu'il faut à tout prix que j'échappe à ma souffrance.

— Qu'as-tu donc, Landry? me demanda-t-elle avec émotion.

— Si je savais quel nom porte ma douleur, je la chasserais, répondis-je en quittant la jeune fille.

Honorine avait une beauté et un caractère qui ne plaisaient pas à tous les garçons de Mougins ; mais, selon moi, aucune fille, à dix lieues à la ronde, ne pouvait lui être comparée.

Lorsque le lendemain je retrouvai ma voisine, je lui dis :

— Tes conseils sont bons à suivre, et je crois que je ferais bien de chercher une femme. Tu as raison, c'est triste de vivre seul, et de ne point aimer. Ah ! si je connaissais une fille qui te ressemblât !

Honorine rougit et répliqua vivement :

— Tu es moins difficile que je ne croyais, et tu n'auras pas grand'peine à rencontrer une personne aussi aimable que moi.

— Aimable ! répétai-je. Est-ce l'amabilité que je recherche? Suis-je aimable, par hasard?

— Non, voisin, reprit-elle en riant, mais tu es mieux que cela ; et si ta fiancée te comprend et t'apprécie comme je le fais, il se peut que, sans être aimable, tu sois bien aimé.

Ces derniers mots me produisirent une impression extraordinaire. Maintenant encore je ne puis définir ce qui se passa dans mon esprit. Ce fut comme si, au lieu de venir du dehors, les idées me venaient du dedans. Un voile en moi se déchira. Je m'aperçus que ce n'était pas une femme semblable à Honorine que je désirais, mais elle-même ! Ainsi mon horreur du mariage, puis tout à coup ce besoin nouveau de m'étourdir, cette douleur dont je ne savais pas le nom, tout cela c'était de l'amour.

Un dimanche, le jour de la fête de Mouans, vers midi, je me tenais sur ma porte, espérant voir Honorine, qui depuis une semaine me fuyait. Les filles de Mougins, dans leur plus grande toilette, se promenaient par les rues en attendant l'heure d'aller à la danse. Ma voisine vint s'accouder sur le petit balcon de sa fenêtre, et regarda passer ses compagnes. Je la trouvai pâle. Le facteur était entré chez elle, et je supposais qu'elle avait reçu des nouvelles de Césaire. Je me disais que son fiancé la faisait souffrir, et qu'elle avait tort de l'aimer autant.

Honorine affectait de ne pas faire attention à moi. Je finis par me sentir très-irrité de son indifférence.

— Eh bien! Landry, me demandèrent plusieurs jeunes filles, ne viendras-tu pas à la fête de Mouans?

— J'irai tout à l'heure, répondis-je, et vous verrez comment je danse!

Le ton avec lequel je dis ces mots fit rire les jeunes filles, qui répliquèrent :

— Tu as l'air, en parlant d'une fête, de parler d'un enterrement.

— Et toi, reprit l'une d'elles en s'adressant à ma voisine, profiteras-tu de l'occasion de Landry?

— N'ai-je pas mon fiancé, et ne dois-je pas l'attendre? dit-elle.

Les compagnes d'Honorine, sans s'inquiéter de la leçon qu'elle leur donnait, repartirent :

— Nous souhaitons pour toi que Césaire ne s'amuse pas plus que tu ne t'amuses.

Honorine quitta sa fenêtre, et quelques instants après elle se dirigea vers la Terrasse. Je ne tardai pas à la rejoindre. Elle contemplait, les larmes aux yeux, la route de Grenoble, par laquelle Césaire était parti.

— Tiens! me dit-elle d'un ton bref, je te croyais sur le chemin de Mouans.

— Honorine, répondis-je avec tristesse, tu es une fille d'un grand sens, et je viens te demander conseil. Tu me connais assez pour savoir si, en allant à la fête, j'agis comme je dois agir. Je ne veux pas me distraire, mais bien plutôt m'étourdir pour oublier.

— Voisin, répondit-elle avec plus de douceur, tu n'es pas un enfant, tu ne céderais pas à un mouvement de colère. Donc, si tu as résolu de t'amuser, c'est que le plaisir te devient nécessaire... Mais, au fait, prends conseil de toi-même, cela vaudra bien mieux.

— Crois-tu, répliquai-je, que nos caractères aient quelques points de ressemblance?

— Je crois qu'ils en ont beaucoup.

— Alors, parle-moi comme tu te parlerais en une occasion semblable, et tu me donneras un excellent conseil.

— Landry, repartit ma voisine, ne vois-tu pas que j'ai les yeux pleins de larmes et que la fièvre me tourmente? J'ignore les causes de ma souffrance, mais je me sens plus malheureuse que le jour du départ de Césaire. Suis-je donc capable de te donner un sage avis? Me voilà plus troublée que toi. Va, Landry, à la fête de Mouans. Il me semble, au fond, que tu feras bien.

— Comment te laisser seule, Honorine?

— Seule! répondit-elle avec fierté, je ne suis jamais seule. Je peux toujours songer à mon fiancé, et relire ses lettres.

Ces paroles me mirent hors de moi.

— Est-il possible, m'écriai-je, quand on est si bonne, si belle, si au-dessus des autres filles, qu'on se contente de l'amour d'un soldat? Je suis certain que ton caporal ne se souvient de toi qu'à la salle de police.

— Va-t'en, va-t'en ! répéta ma voisine, tu as un mauvais cœur !

Je partis.

On entendait au loin les cris joyeux de la fête et le chant des violons. J'avais envie de pleurer.

— Combien je suis coupable ! pensai-je ; pauvre Honorine ! j'aurais dû lui avouer mon tourment, elle m'eût peut-être pardonné.

Je revins sur mes pas, décidé à faire à ma voisine l'aveu d'un amour sans espoir.

— Autant tout de suite, me répétai-je, puisqu'un jour ou l'autre il faut que je m'explique.

Honorine était assise sur un banc de pierre, la tête cachée dans ses deux mains.

— Voisine, dis-je, voisine?

Elle pleurait ; en me voyant elle sourit.

— Pardonne-moi, je t'ai mal parlé. Je perds la tête, je t'aime d'amour, je suis jaloux de Césaire.

— Ah ! dit-elle, le visage en feu et le regard

brillant, tu es jaloux de Césaire! Eh bien! Césaire sera maintenant jaloux de toi. Allons ensemble à la fête.

Elle se leva et me prit la main. J'eus la force de lui dire :

— Honorine, réfléchis un peu à ce que tu vas faire.

Elle hésita... J'eus peur, et je l'entraînai dans la campagne. Je l'avais enfin à mon bras! Nous tournions le dos à la fête. Mon cœur m'étouffait, mes yeux ne voyaient rien que des nuages. Ma voisine était aussi émue que moi... Tout à coup, je me dis que le moment était mal choisi pour montrer mon trouble, et, sur-le-champ, je parvins à le dominer.

Mon calme trompa la jeune fille.

— Voisin, dit-elle, tu es mon frère, et tout à l'heure j'ai craint de te perdre. Après Césaire, la personne que j'aime le plus au monde, c'est toi. Je ne pourrais me passer de ton dévouement, de ta présence...

— Je serai ce que tu voudras, répliquai-je tristement; car j'ai compris aujourd'hui que rien ne me consolerait de la perte de ton amitié, et les fêtes encore moins qu'autre chose.

— Oh! Landry, murmura-t-elle, pourquoi n'est-ce pas toi que j'aime?

Je crus un moment qu'Honorine prenait plaisir à me torturer. Chacune de ses paroles, ses témoignages d'affection eux-mêmes étaient faits pour me mettre au supplice. Mais je vis bientôt que la pauvre enfant songeait plus à sa souffrance qu'à la mienne. J'essayai de contenir l'amertume qui débordait de mon cœur, et je repartis sans trop savoir ce que je disais :

— Moi, voisine, je t'aurais rendue heureuse; je t'aurais adorée, servie comme tu mérites de l'être. Il a suffi de cette raison pour t'empêcher de m'aimer. Il y a des gens qui fuient les plaisirs du monde et qui semblent rechercher la douleur, tant on la voit venir aisément à leur rencontre. Ces gens-là s'attachent de préférence à ceux qui savent le mieux les tourmenter. Il faut bien une occupation ici-bas, et chacun tue le temps à sa manière. Cela, je crois, s'adresse à nous. Avec notre raison, notre savoir, nous sommes plus fous, plus difficiles à satisfaire que les autres. Ceux qui s'amusent de la danse, des fêtes, agissent sagement.

— Je n'ai jamais entendu personne parler comme toi, Landry, murmura ma voisine. Où donc apprends-tu toutes ces choses?

— Dans les livres, et à ton école, Honorine.

— A mon école? répéta-t-elle en souriant; tu plaisantes... et cependant il me semble que je pense un peu mieux que mes compagnes. Je m'en glorifierais volontiers, mais, en te voyant penser mieux encore, je me dis que je ne suis point d'une nature extraordinaire.

— Le hasard a voulu que nous nous soyons rencontrés, Honorine. Si nous étions nés à une lieue l'un de l'autre, tu aurais pu être heureuse, tandis que moi, j'aurais certainement fini par devenir ou sauvage ou méchant, peut-être insensé. Advienne que pourra, maintenant!...

— Mon Dieu! s'écria ma voisine, nous tournons le dos à la fête.

— Tiens, c'est vrai, dis-je, feignant la surprise.

Nous reprîmes le chemin de Mouans, et nous y arrivâmes au bout d'une demi-heure.

On dansait sous les grands micocouliers. Du rond des danses, les regards pouvaient plonger dans l'intérieur du village. Une grande animation y régnait ce jour-là. Des jeunes filles avec leurs jupes éclatantes, et des jeunes garçons avec de belles blouses bleues toutes neuves, allaient et venaient dans les rues fraîchement balayées. Les enfants poursuivaient les nombreuses poules de Mouans qui cherchaient en vain leur pâture, et que ces bruits et cette propreté inaccoutumée réduisaient au désespoir. Non loin de la place, les vieillards, assis sur des bancs de pierre et vêtus de beaux habillements roux, semblables à la toison de nos brebis, répétaient :

— A chacun son tour; nous aussi nous avons eu notre temps.

Sous les oliviers, dans les jardins, les amoureux, fatigués de la danse, causaient gaiement et se reposaient. Tout cela, avec Honorine près de moi, me charmait comme des choses nouvelles.

— Veux-tu entrer dans le rond des danses, Honorine? demandai-je à mon amie.

— Non, non, dit-elle; ne vois-tu pas comme on chuchote autour de nous? Allons nous asseoir sur ce banc là-bas, et quand nous y serons ne me parle plus.

J'obéis. Ma voisine avait l'air fort agitée. Elle était à peine assise qu'elle se leva et me dit :

— Cette musique me fait mal, partons.

— Honorine, répliquai-je d'un ton sévère, sois plus calme, essaye de te contenir. Oui, on nous remarque; mais nous ne quitterons la fête qu'à la tombée du jour, et pas avant. Nous sommes trop braves l'un et l'autre pour fuir des regards curieux.

— Conduis-moi, conduis-moi, répéta-t-elle; aujourd'hui je ne saurais pas me conduire moi-même.

Alors, pendant deux longues heures, nous restâmes l'un près de l'autre sans nous adresser la parole, sans voir même ce qui se passait sur la place, et tout occupés de nos propres impressions.

La nuit vint. Je pris le bras d'Honorine et je l'emmenai.

Dès que nous fûmes sortis de Mouans, la jeune fille s'écria :

— Je viens de me perdre, je me suis perdue !

— Hélas ! répondis-je, mécontent de moi-même parce que j'avais été égoïste, au lieu de souffrir à deux, nous allons maintenant souffrir à trois.

— Oui, Césaire le saura, dit-elle avec égarement. Landry, ne peux-tu me rendre un peu de courage ? Prouve-moi qu'il est facile de trouver des excuses à ce que je viens de faire. Tu ne réponds rien ! Oh ! mon Dieu ! pourquoi Césaire n'est-il pas ici ? Je veux le revoir un instant, je veux lui répéter que je l'aime de tout mon cœur. Je l'ai accusé d'ingratitude, et c'est moi qui suis une ingrate. Landry, va-t'en ! je ne te parlerai plus jamais, jamais ! tes belles paroles m'éblouissent.

— Voisine, repris-je froidement, je suis ton serviteur. Tu m'as demandé de te mener à la fête de Mouans et je t'y ai menée. Tu n'as rien fait que toutes tes amies ne fassent. Tes parents, les parents de Césaire, te conseillent de prendre des distractions. Ils seront enchantés que tu aies choisi un garçon sérieux plutôt qu'un étourdi pour aller avec lui aux fêtes. Lorsque Césaire reviendra, lui et toi, vous me direz : « Merci, nous n'avons plus besoin de tes services ; » et tout sera fini. Ton fiancé n'aura pas pour cela le droit de douter de ton affection.

— Ta réponse me plaît, dit Honorine ; mais Césaire aurait parlé plus vivement et il m'aurait convaincue.

— Oh ! la provençale ! m'écriai-je ; que tu as raison d'aimer Césaire, et comme il lui sera facile de te tromper !

— Mon bon Landry, répliqua-t-elle après un moment de silence, ce n'est pas de ma faute si tu m'aimes.

— Est-ce que je t'aime ? répondis-je avec fierté.

— Ah !... il me semblait que tu me l'avais dit. Cette idée me bouleversait. Pourtant je me rappelle... Vois-tu, Landry, je me reproche d'avoir écouté l'aveu de ton amour, car je l'ai entendu, j'en suis sûre, à moins que ma tête...

— Honorine, Honorine, reviens à toi, je t'en prie. Oui, je t'aime et je te l'ai dit; mais tu m'as répondu que tu ne voulais voir en moi qu'un frère.

— Certainement, dit-elle défaillante, je ne puis vous aimer tous les deux.

— C'est moi qu'il faut que tu aimes! m'écriai-je en la pressant dans mes bras; je saurai te rendre heureuse. Sois ma femme, Honorine! il le faut, il le faut, pour ton bonheur et pour le mien...

— Et Césaire, qui m'a choisie pour fiancée, et qui reviendra dans cinq ans me demander si je lui ai gardé mon amour! dit-elle, éperdue.

Elle avait la fièvre, elle délirait; mais, pour mieux lire sa pensée, je crois que dans ce moment-là je lui aurais brisé le front. Il me semblait qu'elle m'aimait, que le devoir, sa parole engagée, la retenaient seuls. Je découvris autre chose encore...

— Ils disent, ils disent... répéta la pauvre enfant.

— Quoi donc, ma petite Honorine?

— Ils disent que tu es un lâche!

A ce moment, l'hôtesse, émue, se leva et saisit le bras de son mari.

— Assez! dit-elle, c'est à moi de continuer.

HONORINE ET LANDRY

A LA MÊME.

Après un instant de silence, employé par Honorine à se remettre de son émotion, elle dit :

Le lendemain de la fête de Mouans, les mauvaises langues de Mougins trouvèrent à s'exercer. On parla beaucoup de moi. Mais plusieurs jours se passèrent sans que j'apprisse rien des médisances qui étaient débitées.

Ce que j'avais répété tout haut à mon voisin, au milieu de mon égarement, je me le répétais tout bas. Depuis l'heure où je m'étais avoué à moi-même que j'aimais Landry, je me demandais sans cesse s'il aurait le courage de me disputer à mon fiancé.

— Ah! pensais-je, c'est ma faute si je suis malheureuse, puisqu'au lieu de choisir le savant j'ai choisi le soldat. Je suis punie de m'être trompée!

Cependant je connus les calomnies qu'on répandait sur mon compte. Des gens charitables, comme il s'en trouve partout, m'avertirent. On me demanda s'il fallait me défendre, et de quelle manière.

Je répliquai fièrement :

— Qu'on me montre à Mougins une fille qui n'ait point été vingt fois aux fêtes avec un garçon autre que son fiancé.

On voulait me voir en défaut, et l'on commenta mes paroles de manière à envenimer les choses. On dit partout que, craignant de perdre mon fiancé à la guerre, je lui cherchais un remplaçant; que Landry était sauvage, et que j'avais dû lui faire de grosses avances; mais que cela ne me profiterait pas, à cause de la poltronnerie de mon voisin qui n'oserait m'enlever à Césaire, ce dernier fût-il mort et enterré.

En outre quelqu'un écrivit sans doute en Algérie, car je ne reçus pendant trois mois aucune nouvelle de mon fiancé.

Plus on parlait mal de moi, plus je me montrais dédaigneuse. C'était dans mon caractère.

Un jour, des comédiens vinrent dans notre pays. Ils descendirent au café des Colonnes, sur la grande place, et y installèrent des marionnettes, qui, suivant l'annonce, avaient des costumes pour jouer « Geneviève de Brabant, Saint-Antoine et la Passion. »

Les saltimbanques mirent à l'encre rouge sur les murs du café, en grosses lettres, ces deux mots : « Théâtre moral. » L'inscription y est encore.

Plusieurs jeunes filles, ne sachant ce que ces deux mots voulaient dire, consultèrent le maître d'école qui leur répondit :

— Théâtre moral signifie : comédie pour les filles sages. Vous ferez bien d'y aller toutes, cela vous convient à merveille.

Le soir de la première représentation, je résolus d'assister à la comédie et de regarder bien en face les gens qui me méprisaient.

J'entrai une des dernières au café des Colonnes, et quelques moments après mon arrivée on leva le rideau.

Tout à coup, sans que je pusse deviner pourquoi, mon cœur se mit à battre avec violence; mes tempes et mes oreilles firent un bruit qui ne me permettait plus de rien entendre; puis mes yeux se fermèrent. J'étouffais! je voulus sortir, mais je ne pouvais ni parler ni remuer... Cependant mon cœur s'apaisa, mes oreilles et mes tempes cessèrent de bourdonner.

Une personne dit tout haut dans la salle :

— Il est arrivé en cachette à trois heures. Il sait tout...

— Je suis certaine qu'on parle de Césaire! m'écriai-je au dedans de moi.

Une porte s'ouvrit. J'avais les yeux fermés. Cependant je vis distinctement mon fiancé, je le vis s'asseoir derrière mon banc, et j'entendis une voix bien connue dire avec affectation :

— Le beau spectacle : c'est magnifique !

Je perdis alors tout à fait le sentiment de moi-même.

Lorsque le souvenir des choses présentes me revint, la comédie finissait. La porte de la salle se rouvrit pour laisser passer les gens ; je respirai...

Après un instant d'hésitation, je me lève, je me retourne : Césaire est là, debout. Je quitte mon banc, et je m'avance. Nos yeux se rencontrent. Malgré mon émotion, je le regarde en face. J'ai peine à le reconnaître. Ce n'est plus mon fiancé de Mougins, c'est un soldat semblable à tous les soldats.

Je suis la foule qui se presse.

— Honorine, me crie Césaire, attends donc Landry, ton amoureux : je le vois là-bas qui passe à travers les gens pour venir vers sa bien-aimée.

Mon voisin avait appris en même temps l'arrivée de Césaire et notre présence à la comédie. Il accourait éperdu.

Les paroles de Césaire étaient tombées sur

moi comme si c'était la foudre ; je m'appuyai contre le mur.

Tous ceux qui allaient sortir s'arrêtèrent.

— Landry, va-t'en, dirent plusieurs femmes. Il ne fait pas bon ici pour toi.

Mon voisin continua de s'avancer vers Césaire.

Celui-ci passa l'une de ses mains sur sa moustache et l'autre dans son ceinturon.

— Il paraît qu'à Mougins, dit-il, les absents ont tort.

J'éclatai en sanglots.

— Ne pleure pas, ma petite Honorine, continua mon fiancé, je t'assure que c'est fort agréable de rester fille. Les hommes sont si trompeurs et les pauvres femmes si honnêtes! tu le sais, toi!

A cette insulte je courbai le front; mais bientôt quelqu'un fit que je le relevai.

Landry répliqua d'un ton ferme :

— Si au lieu de rester fille ta fiancée veut me prendre pour mari, je serai le plus heureux des hommes. Oui, j'aime Honorine ; mais je la respecte autant que je l'aime. Or, comme tu viens de lui manquer, tu vas lui faire des excuses, tout de suite, tout de suite, entends-tu? ou je te brise en morceaux.

Et il menaça le caporal.

Ce dernier se jeta sur Landry, le poing levé...

Tout le monde s'enfuit. On m'entraîna hors de la salle. J'entendis jusque chez mon père les cris de mes amoureux.

Landry m'a raconté souvent depuis que le maître du café des Colonnes, ne voulant pas de tapage dans sa maison, l'avait mis à la porte avec Césaire, et qu'ils étaient allés se battre sur la Terrasse.

Ils passèrent une partie de la nuit à se donner des coups et à s'injurier. Lorsqu'ils furent harassés de fatigue et tout meurtris, ils s'expliquèrent. Enfin, après de longs discours et bien des paroles échangées, ils étaient redevenus presque amis. Landry dit alors à mon fiancé :

— Honorine t'aime encore. Ton départ l'a rendue très-malheureuse. Je crois qu'elle a essayé de s'attacher un peu à moi, pour se venger de ton abandon. Quitte ton métier, je suis sûr qu'elle te pardonnera.

— Et toi, demanda Césaire, que deviendras-tu ?

— J'aime Honorine plus que moi-même, répondit mon voisin. Je la saurai heureuse ; je partirai à ta place.

— Camarade, reprit le caporal ému, je sens que je ne te vaux pas. Laisse-moi faire une bonne action. Ce que tu viens de dire me touche profondément. Je veux me dévouer aussi, moi ! Je m'en irai sans revoir Honorine. D'ailleurs, lui sacrifier mon état, c'est impossible aujourd'hui. Je suis né militaire. Quand mon existence n'appartiendra plus qu'à moi seul, je serai plus brave encore, et je ferai plus vite mon chemin. Mon amour pour Honorine était un obstacle; je le brise ! Embrasse-moi, Landry; j'ai le cœur tout gros. Il me faudrait en ce moment un peu de tambour et de trompette. En avant ! Cette action-là vaut bien une croix !

— Si Honorine ne peut pas t'oublier, si elle ne le veut pas ! s'écria Landry.

— Je lui enverrai dire que j'étais venu pour rompre avec elle, que je compte rester soldat jusqu'à la fin de mes jours. Elle t'épousera par dépit, et, lorsque tu l'auras pour femme, c'est à toi de te faire aimer.

— Merci, merci ! mon bon Césaire, répéta Landry.

Le lendemain je me levai de bonne heure. J'aperçus mon voisin dans la rue. Je m'attendais à voir arriver le caporal ; mais j'étais bien décidée à lui fermer ma porte, et à n'écouter aucune de sés injures ou de ses excuses.

— Il va peut-être m'offrir de quitter son métier, me disais-je avec terreur. Il eût mieux valu sans doute que mon voisin me laissât insulter sans répondre. Cependant, puis-je regretter que Landry se soit montré si brave et m'ait si bien défendue ?

Vers midi, une des tantes de mon fiancé entra chez mes parents et leur apprit que Césaire avait été enchanté de trouver une occasion de rompre avec moi et qu'il était reparti pour l'armée.

— Tout va bien, répondis-je, et nous ne nous

fâcherons pas. J'avais justement donné hier ma parole à mon voisin.

Lorsque nous fûmes seuls, mon père, ma mère et moi, j'ajoutai :

— J'espère que vous ne refuserez pas votre consentement à mon nouveau mariage.

— Notre voisin a bravement pris ton parti, répliqua mon père. Pour moi, je le trouve un peu trop savant, mais si tu t'arranges de sa science, tu peux l'épouser quand tu voudras.

Je courus chez Landry. Il pâlit en me voyant, et me demanda d'un air embarrassé des nouvelles de Césaire.

— Voisin, répondis-je, il s'agit d'autre chose. Je viens te remercier de ce que tu as fait pour moi et te prier d'accepter pour cela deux récompenses.

— Lesquelles ? dit-il tout tremblant.

— Mon amour et ma main.

Je crus que Landry et sa vieille mère allaient devenir fous. Ils m'embrassaient en pleurant, puis ils riaient, puis de nouveau ils m'embrassaient.

La noce eut lieu un mois après le départ de Césaire.

Honorine se tut et serra longuement deux mains que son mari lui tendait. Les deux vieillards se regardèrent et se sourirent. On eût dit qu'ils se remerciaient l'un l'autre des trente années de joie et d'amour qu'ils s'étaient données.

— Ah ! dit l'hôte, je ne connais pas dans le monde un homme aussi heureux que moi.

— Césaire est devenu capitaine, reprit Honorine, et il porte sur son uniforme une croix d'honneur et trois médailles. Quoiqu'il ait maintenant sa retraite, il continue d'habiter une ville de garnison.

GRASSE

A MONSIEUR LE DOCTEUR CL......

Bruyère, avril 1863.

Ne parlons pas de ma santé aujourd'hui, cher docteur, le voulez-vous? D'ailleurs elle continue d'être excellente. Parlons d'autre chose, de Grasse, par exemple, que je n'avais encore vue que de loin et que j'ai voulu voir de près.

Grasse est la ville du Midi qui ressemble le plus à une ville d'Orient. Les rues y sont étroites, sombres, hautes, et, sur les petites places inondées de lumière, des enfants et des vieillards sont paresseusement couchés.

A Grasse, les palmiers abondent. Derrière la ville, les vallons, les ravins, le penchant des collines, tout est couvert d'oliviers. Par les beaux jours, on montre, de la promenade, comme un petit nuage au loin dans la mer bleue : c'est la Corse.

Dès le mois de février, les Grassoises lavent leur linge, les jambes nues, au milieu des grandes fontaines où coule cette belle eau limpide tant appréciée des parfumeurs.

Je connaissais dans la ville un homme que les Grassois lettrés appellent « le flambeau de notre pays. » C'est un de vos confrères, un médecin. Il a comme vous, dit-on, toutes les qualités, une entre autres qui, à force de s'exercer, est devenue la plus populaire. On peut aisément deviner laquelle, si je répète avec tous les pauvres, les malades, les affligés du littoral, qu'on ne s'adresse jamais en vain à celui qu'ils ont surnommé : « le bon docteur. »

Je tenais le bon docteur pour un homme très-obligeant, et je le priai de me faire voir les curiosités de Grasse.

— Allons, dit-il, visiter d'abord une fabrique de parfums.

Dans les grandes salles de la fabrique, des fleurs d'oranger, des roses, des violettes, gisaient les unes à côté des autres.

— Les malheureuses! m'écriai-je.

— Comment pouvez-vous plaindre des fleurs qui naissent sous un ciel si clément et qu'on cultive avec tant de soin? répliqua le bon docteur.

— N'auriez-vous aucune pitié, vous, de pauvres gens en pleine santé à qui l'on couperait la tête? Que m'importe à moi qu'ils soient mis à mort au soleil et qu'ils aient été bien nourris!

— Mais, répondit le bon docteur, qui, battu, cherchait une excuse à côté, ce ne sont point des hommes qui exécutent les fleurs, ce sont des femmes. Remarquez en passant que la culture des roses est un travail attrayant fait pour votre sexe.

Le docteur était plus fin que moi. Ramenée brusquement à de chères préoccupations, je m'adoucis aussitôt.

— Il est certain, dis-je, que les fleurs aiment à être soignées par des femmes.

— Comment donc! ajouta le bon docteur, elles le laissent assez entendre pour qu'en effet on l'affirme.

— Alors, dis-je gaiement, puisque les fleurs peuvent marquer leur satisfaction, elles peuvent aussi marquer leur souffrance. Tout à l'heure, en pénétrant dans ces salles, je n'ai pu me défendre d'un vif sentiment de compassion; il me semblait voir des visages abattus, désolés, mourants, je croyais distinguer des soupirs.

— Pourquoi pas des plaintes? Pauvres fleurs! je voudrais les soulager. Oh! dites-moi, madame, ce que murmuraient ces roses effeuillées, ces violettes?...

— Vous mériteriez que je vous fisse un grand discours.

— Faites-le, j'y ai droit. Vous m'avez parlé de souffrances. Je suis médecin, j'interroge.

— Eh bien, docteur, voilà ce que ces fleurs effeuillées soupiraient tout bas...

« Hélas! on va nous jeter dans d'affreux abîmes de graisse, mêler nos plus pures senteurs à des parfums sans nom, et les rehausser avec le produit du triste cassier, qui porte plus d'épines que de feuilles.

« Quoique fleurs, nous sommes raisonnables. Nous savons combien notre mort peut être utile à l'homme et surtout à la femme.

« Sans doute il eût mieux valu pour nous, qui périssons dans cette enceinte, éclore aux feux du soleil de midi, que fleurir le matin, emperlées et brillantes, avec la fraîche rosée. Les mains des cueilleuses dédaignent les fleurs du jour. Plus favorisées sont celles qui se flétrissent sur leurs tiges !

« Notre sort pourtant serait moins misérable, si nos parfums, qui sont notre immortalité à nous, restaient purs ; si nous revivions toutes, ou véritable fleur d'oranger, ou fine essence de rose, ou simple extrait de violette, et... »

— Fuyons, s'écria le docteur en éclatant de rire, car mesdames les roses et mesdemoiselles les violettes pourraient bien, dans ce long plaidoyer, n'avoir pas résumé tous leurs griefs contre mes amis les parfumeurs.

— Eh bien ! qu'est devenu votre beau zèle ?

Vous vouliez guérir ces pauvres mourantes, si je vous dépeignais leurs tortures.

— Ma foi! j'aurais trop à faire. Je crois prudent de garder mes sentiments de pitié pour les êtres animés, exclusivement.

— Ah! bon docteur! quand on est bon, il faut savoir tout plaindre et tout secourir.

— J'aime les fleurs.

— En pommade!

— Pouvez-vous dire un si gros mot?

— A Grasse, cela doit être permis.

— Sortons, vous êtes une entêtée.

— Cher docteur, où me conduisez-vous maintenant?

— Aimez-vous les cascades, et savez-vous marcher?

— Deux fois oui, docteur.

— Allons voir la cascade du moulin Carpillé; elle est fort belle.

Il faisait chaud. Mais la route du moulin est ombragée par des oliviers dont les branches forment un dôme léger sur la tête du promeneur.

En chemin, nous rencontrâmes deux amis du

docteur qui se rendaient pareillement à la cascade.

On marcha quelques minutes en silence, puis bientôt, comme on était dans les champs, on s'entretint de la moisson prochaine.

Les amis du docteur étaient propriétaires. L'un disait que la récolte serait passable, l'autre disait qu'elle serait mauvaise ; mais tous les deux évidemment désiraient qu'elle fût excellente.

— Je n'ai aucune inquiétude, aucun doute, dit le docteur. Un poëte latin me promet de grosses redevances, et depuis que je l'écoute, il ne m'a jamais menti.

— Qu'entendez-vous par ces paroles incompréhensibles? demandai-je.

Le docteur fit une citation qu'il nous traduisit aussitôt.

— « Quand l'amandier, dit Virgile, courbe vers la terre ses rameaux de fleurs odorants, c'est signe d'une bonne récolte. Lorsqu'au contraire il n'a que des feuilles, c'est signe que le fléau ne battra qu'une vaine moisson de paille. » Or, n'avons-nous pas vu cette année l'amandier courber vers la terre ses rámeaux de fleurs odorants?

— Docteur, dirent les deux propriétaires grassois, vous savez toutes choses et nous acceptons votre heureux augure.

Arrivée au moulin Carpillé, je déclarai au bon docteur que sa cascade n'était pas seulement une belle cascade, mais une magnifique, une éblouissante cascade.

Sous le ciel bleu, des roches d'un jaune d'ocre foncé frappaient premièrement le regard. Ce jaune et ce bleu confondus formaient un contraste qui ne manquait pas d'harmonie. La cascade s'échappait à flots pressés et turbulents des hauteurs d'une colline taillée à pic, et bouillonnait follement au milieu d'un bois de chênes verts. Nous étions assis en face d'une petite île qui séparait les flots impétueux et ralentissait leur course. Au delà du pont, derrière la roue du moulin, le torrent, plus calme après avoir aidé au travail de l'homme, coulait dans le vallon entre les paisibles oliviers.

La voix de la cascade était si haute qu'on ne pouvait parler près d'elle. Le meunier distingue avec peine le tic-tac de son moulin ; mais sa besogne est si bien faite qu'il ne songe pas à se plaindre.

— J'aimerais mieux, dis-je au bon docteur, voir les roses et les violettes dans ces flots d'argent que dans la graisse de vos parfumeurs. Je suis sûre qu'elles soupireraient moins fort.

— C'est-à-dire que vous ne pourriez les entendre.

— Ah! docteur, cent livres de violettes et cent livres de roses jetées au milieu des nuages d'écume de votre cascade seraient d'un effet magique.

— Chère enfant, la poésie est une grande chose, mais le commerce est une autre chose qui a bien son mérite aussi.

Une heure après je quittais Grasse et je serrais une dernière fois la main de mon cicérone, lorsque je fus frappée d'une idée subite :

— Docteur, m'écriai-je, vous devez avoir quelque gros intérêt dans une fabrique de parfums.

— Comment, me dit-il, vous ne l'aviez pas encore deviné?

LES POTIÈRES

A MONSIEUR EDMOND A...

Bruyère, avril 1860.

Oui, mon ami, j'ai eu le désir de revoir la petite marchande d'anémones avec laquelle j'ai fait mon ascension au Grand-Pin.

Il y a quelques jours, je me levai de très-bonne heure, je fis venir un âne, et je résolus d'aller aux Vallergues.

Après avoir traversé Vallauris, je montai le chemin pierreux qui mène à la chapelle Saint-Antoine. Mon âne marchait à merveille. La chaleur était grande, mais une brise fraîche, venant de la mer et passant à travers les oliviers près de fleurir et les orangers en fleur, arrivait toute parfumée jusqu'à moi. Le seigle, l'avoine et le blé mûrissaient. Les fruits, plus impatients que les feuilles, grossissaient sur les figuiers. La vigne et les mûriers avaient ces belles tiges printanières que si peu d'arbres portent dans le Midi. Les mauves, les glayeuls roses, les pervenches, les fèves sauvages, les gueules-de-loup, les lilas de terre, les tulipes, les coquelicots, inondaient les champs. La Provence est le pays des fleurs.

On faisait la moisson des roses. Les acacias blancs se courbaient sous le poids de leurs grappes nombreuses. Le lin entr'ouvrait ses yeux bleus, et les boutons de jasmin rougissaient comme une jeune vierge avant de revêtir sa blanche parure de noces.

Enivrée, alanguie, je me laissai pénétrer par les charmes de cette douce nature. Je regardais sans voir, et cependant mon esprit était plein d'enthousiasme! Je ne pensais à rien, et pourtant j'avais conscience de toutes les grâces et de tous les sourires prodigués autour de moi par le ciel et la terre.

C'était un état délicieux.

Mon âne, à qui j'avais abandonné la bride sur le cou, semblait partager le même genre de rêverie. Lui aussi regardait sans voir et ne pensait à rien... Je vous entends d'ici me dire : « Qu'en savez-vous ? » Pourquoi fit-il un faux pas et se laissa-t-il choir dans le chemin de la chapelle, qui n'est pas plus mauvais qu'un autre ?

Je fus jetée au milieu d'un champ de pois en fleur. Je tombai assez légèrement et n'eus aucun mal. L'âne, non plus, ne s'était point blessé. Après s'être secoué un peu, il fit volte-face, et retourna chez lui plus vite qu'il n'était venu.

— Bon voyage ! lui criai-je philosophiquement.

Et je continuai mon chemin.

Le vallon des Vallergues n'est pas proche de la chapelle. Je ne me hâtai point. Un olivier me plut ; je m'assis à son ombre. J'y rêvais encore, lorsque j'entendis derrière moi des voix qui chantaient le refrain de la chanson des cueilleuses :

La fleur d'oranger,
C'est un bouquet !...

En me retournant, je vis deux jeunes filles qui cueillaient « la fleur. »

Je me levai, j'allai vers elles, puis, les abordant de mon air le plus gracieux, je leur dis :

— Bonjour, mesdemoiselles.

— Bonjour, mademoiselle, répliquèrent les jeunes filles.

— Il faut dire madame.

— Vraiment? on ne le croirait pas.

— C'est ce grand chapeau qui vous empêche de me voir.

Je jetai en riant ma coiffure à terre.

L'une des jeunes filles descendit de l'oranger sur lequel elle était perchée et vint la ramasser.

— Regarde, Pétronille, dit-elle en s'adressant à sa compagne, regarde si je suis jolie comme cela. Vous me permettez d'essayer votre chapeau, madame?

— Certainement, dis-je, d'autant mieux qu'il vous va fort bien.

Pétronille, qui peut-être eût désiré le mettre à son tour, voyant que son amie le gardait, courut à l'autre bout du champ et en rapporta un panier couvert d'une grande mousseline. Soulevant le morceau d'étoffe avec précaution, elle tira un beau bonnet garni de rubans bleus.

— Dites-moi, madame, vous qui êtes une étrangère et qui connaissez la mode mieux qu'une fille de Provence, si ce bonnet est réussi. Je suis allée tout à l'heure le chercher à Cannes; il me coûte une pièce d'or. Voyez si je suis belle avec...

— Il est parfait, je vous assure.

— Es-tu contente, Pétronille? lui demanda sa compagne, qui s'appelait Marie.

J'ajoutai :

— Votre caragnaire vous trouvera délicieuse avec ce bonnet.

— De caragnaire, je n'en ai pas, répondit-elle.

— Eh bien! répliqua Marie, mon frère serait flatté, s'il t'entendait.

— Votre frère est donc son amoureux? demandai-je à Marie.

— Oui, madame, et ils se marieront, elle et lui, dans deux ans.

— Et vous?

— Moi, je suis assez âgée pour travailler comme une femme, mais trop jeune encore pour avoir un caragnaire. Ce sont mes parents qui le prétendent.

— Cueillir des fleurs d'oranger, ce n'est point un métier pénible, et il ne faut pas être bien grande pour le faire.

— Cueillir « la fleur, » c'est une fête, madame, et s'il ne s'agissait que de cela...

— Vous n'êtes donc point cueilleuses?

— Nous sommes potières.

— Tiens, vous habitez Vallauris? Je suis votre payse alors.

— Nous le savons, dit Pétronille. Tout le monde connaît en bas la dame de Bruyère. Marie et moi, nous nous répétons souvent que, si nos projets ne réussissent pas, nous irons vous prier de nous placer quelque part.

— On a tort, suivant moi, d'occuper les femmes dans les poteries. C'est un métier trop dur, n'est-ce pas ?

— Oui, madame, répéta la petite Marie, c'est un métier trop dur, parce qu'on y fait faire aux femmes ce qu'on devrait faire faire aux hommes. Vous avez probablement visité plus d'une de nos poteries, et vous avez dû voir que ce sont les femmes qui préparent la pâte. Nos mains sont durcies et crevassées, car la terre, après qu'on l'a battue, est encore très-forte et mord. Nous travaillons debout, tandis que les hommes restent assis près des tours. Il n'y a qu'une femme à Vallauris qui soit tourneuse. Son mari, atteint d'une maladie mortelle et sachant qu'il allait la laisser sans ressources avec trois enfants, lui apprit à tourner. Sans ce malheur, elle servirait encore les potiers comme nous.

— Je vois, dis-je en souriant de l'air solennel de Marie, que les potières sont encore des opprimées.

— Oui, madame, reprit-elle. Chacune de

nous sert un homme, autant que possible un de ses parents. Il faut travailler matin et soir, et l'on est traité rudement. Pétronille et moi, nous sommes quelquefois battues!... Si je savais un endroit, fût-ce à deux cents lieues d'ici, où l'on montre aux femmes à tourner des pintes, des marmites et des pots, j'irais pieds nus, s'il le fallait, je mangerais de l'herbe, mais je deviendrais tourneuse! J'aurais de belles mains blanches, parce que la terre qu'on touche en tournant est adoucie comme du savon. Je serais reine où les potiers sont rois; j'aurais mon trône et je travaillerais assise. Le soir, au lieu de rentrer chez mon père malade et les pieds gonflés, je ferais ma petite promenade comme ces messieurs les potiers.

— Hélas! dit Pétronille, qui avait approuvé par signes le discours de son amie, nous sommes sales toute la semaine comme des filles ne devraient jamais l'être. C'est à peine si, le dimanche, nous avons une heure pour nous débarbouiller. Vraiment, il vaudrait mieux servir les maçons, comme les Brigasques, et porter des pierres sur sa tête, que d'endurer ce que nous endurons, n'est-ce pas, Marie? Ah! si l'on voulait nous apprendre à tourner! Il faudrait des écoles exprès pour cela, car dans l'école des sœurs à Vallauris on ne nous apprend à faire que du crochet, de la broderie et des pantoufles. Puisque nous sommes dans un pays où l'on tourne des marmites, des pintes et des pots, pourquoi ne nous enseigne-t-on pas à tourner? Nous deviendrions certainement plus habiles que les hommes : car, si le tour veut qu'on ait la main vive pour le conduire, il ne demande pas qu'on soit fort. Les hommes alors se résigneraient à préparer la pâte, ce qui ne les fatiguerait pas outre mesure, ce qui nous courbe et nous vieillit de trop bonne heure, ce qui nous tue. Un jour, moi, j'ai osé parler de toutes ces choses à monsieur le maire et à monsieur le secrétaire de la mairie. Or, savez-vous ce qu'ils m'ont répondu? Ils m'ont dit : « Tu as raison, petite : mais comment veux-tu qu'un village fasse ce que les grandes villes ne font pas? A Vallauris, le jour où nous essayerions de nous occuper des potières, les potiers se révolteraient.» Ils ont ajouté de très-bonnes choses, poursuivit Pétronille, mais qui voulaient toutes dire qu'ils n'y pouvaient rien. Partout les ouvriers menacent, et partout les autorités en ont peur. Pour certains travaux à la campagne et à la ville les hommes manquent, savez-vous, madame? Qu'est-ce qu'ils sont devenus? Ils occupent la place des femmes, c'est moins dur. Si les femmes veulent à leur tour prendre aux hommes des métiers faciles, ils s'y opposent avec violence. Aussi vrai que Marie s'appelle Marie et que je me nomme Pétronille, toutes deux nous serons tourneuses! Le frère de ma compagne nous a déjà donné quelques leçons en cachette. Quoique je l'aime beaucoup, s'il ne nous montre pas à tourner, je ne l'épouserai point.

— Lorsqu'on ne peut rien obtenir que par la ruse, c'est triste, dit la petite Marie.

— Une seule chose m'inquiète, ajouta Pétronille. Je me demande si, quand nous saurons tourner, on nous donnera de l'ouvrage.

— Rosine en a bien.

— Rosine est veuve; elle a trois enfants à nourrir. Nous, on nous renverra en disant que des jeunes filles n'ont pas besoin de gagner tant d'argent.

— On manque de tourneurs, répliqua Marie. D'ailleurs, là-dessus, j'ai une idée, moi, et je veux en faire part à Madame. Je vais tâcher de m'expliquer aussi bien que Pétronille. Il me semble que les filles devraient, avant de se marier, amasser une dot, afin de pouvoir rester chez elles les premières années de leur mariage et élever les enfants tout à leur aise. Les potières qui se sont soignées dans leur jeunesse de femme sont très-fortes et en état de travailler jusqu'à soixante-dix ans, tandis que celles qui ne se ménagent pas font de grosses maladies et deviennent infirmes de bonne heure. Les femmes, durant une dizaine d'années, à l'âge où l s hommes sont soldats et courent le monde sans profit pour leurs familles, devraient rester chez elles et ne point travailler aux gros travaux. Quand elles auraient élevé les enfants, elles reprendraient leurs métiers, comme les militaires reprennent les leurs après avoir servi la France. Les enfants, c'est aussi utile que la guerre.

— Si le roi connaissait les belles idées de Marie, dit Pétronille en éclatant de rire, je suis certaine qu'il lui demanderait de les rendre un peu plus claires, et qu'il s'en occuperait.

— Mademoiselle, repartit la fillette, le gouvernement s'occupe de choses moins sérieuses que celle-là.

Pétronille remonta sur son échelle en chantant :

La fleur d'oranger,
C'est un bouquet!...

Marie se percha de nouveau dans l'arbre, et moi, je demandai la permission de m'asseoir sur le drap destiné à recevoir les fleurs. Les jeunes filles me jetèrent en riant des poignées de boutons parfumés.

— Il faut avoir les mains fines, savoir chanter et savoir rire, pour bien cueillir la fleur d'oranger, dit Marie.

— Comment cela?

— L'odeur est si forte, ajouta Pétronille, qu'on s'endormirait, qu'on perdrait connaissance même, si l'on ne racontait pas des histoires plaisantes. Aussi les rieuses sont-elles toujours payées cinq sous plus cher que les autres. Rions et chantons, madame.

— Tiens, s'écria Marie en jetant une bigarrade à sa compagne, prends ceci... Croiriez-vous, madame, que Pétronille mange les fruits des orangers à fleurs?

— C'est impossible, dis-je.

— Parions que je mange cette bigarrade, répondit la jeune fille.

— Je parie deux beaux fichus de soie contre un bouquet de fleurs d'oranger que vous ne la mangerez pas.

— Vite, vite! dit Marie. Vous allez perdre, madame. Pétronille aime certainement mieux les oranges des orangers à fruits, mais, faute d'autres, elle mange très-bien les bigarrades.

Pétronille mordait à belles dents une des choses les plus détestables qui soient au monde.

J'avais perdu mon pari.

— C'est demain dimanche, mesdemoiselles. Vous viendrez à Bruyère, et j'acquitterai ma dette.

— Nous, nous acquittons la nôtre aujourd'hui, répondirent les potières en me couvrant de branches fleuries dont je fis un énorme bouquet.

— A qui donc cette campagne? demandai-je.

— A mes parents, dit Pétronille.

— Vous devriez, mesdemoiselles, vous faire cueilleuses, puisque votre métier vous déplaît tant.

— Il n'y a pas toujours des orangers en fleur, dit Marie.

— On ne cueille point que des fleurs d'oranger, ma mignonne, et, si je ne me trompe, il y a encore les violettes, puis les roses, puis les feuilles de mûrier, puis les raisins, puis le jasmin, puis les fleurs de cassier, puis les olives à cueillir dans l'année.

— Nous voulons être tourneuses!

La journée était finie. J'avais oublié les Vallergues, et je remis à une autre fois ma visite à la petite marchande d'anémones. Je descendis à

Vallauris escortée des deux jeunes filles portant sur la tête leur récolte de fleurs d'oranger.

Nous arrivâmes sur la place de Vallauris. De grands draps couverts de feuilles de roses et de fleurs d'oranger étaient étendus de tous côtés. Mes jeunes filles étalèrent comme les autres leur marchandise. Pétronille et moi, nous restâmes près du drap pendant que Marie cherchait un acheteur. D'autres en cherchaient un comme elle. On se disputait les parfumeurs et les distillateurs, on les tirait de droite et de gauche. On criait, on s'agitait au milieu de ces fleurs dont l'enivrant parfum vous montait à la tête. Les marchés conclus, les paysans comptaient leur argent et repliaient leurs draps, tandis que les distillateurs et les parfumeurs jetaient leurs richesses dans d'immenses paniers et que les fleurs livrées disparaissaient. Je revis Grasse dont je vous ai parlé, la salle de la fabrique et les grandes jarres pleines de graisse.

— Attendez-nous un moment, madame, me dit Pétronille ; Marie et moi, nous allons prévenir nos parents et vous reconduire à Bruyère.

Nous reparlâmes de la poterie et des potiers, et nous étions fort engagées dans la question, lorsque nous vîmes venir à nous des gens avec des lanternes. Ils se penchaient de temps en temps pour regarder dans le ravin du Palet-du-Diable. Quelqu'un se lamentait au milieu d'eux. Je reconnus Angélique.

— Bonsoir, petite, lui criai-je, comment se porte mon âne? J'espère qu'il n'a causé de dommage à personne et qu'il est rentré honnêtement chez lui.

— Ah! madame, madame, dit la Brigasque en essuyant ses yeux, nous vous cherchons depuis le matin. Quel événement dans le Golfe quand on a vu revenir l'âne tout seul! nous vous avons crue morte... Si encore vous nous aviez dit où vous alliez!... Mais heureusement, mon Dieu, qu'il ne vous est pas arrivé de mal... ni à l'âne non plus.

DU GOLFE JUAN A LA BRIGA

A MONSIEUR JEAN R......

Mai 1863.

J'y suis ! je suis à la Briga.

Je vous demande pardon, cher monsieur, de vous avoir désobéi. Je me rappelle à présent qu'avant de quitter Cannes vous aviez beaucoup insisté pour que je ne courusse pas les hasards de ce voyage. Mais, après votre départ, j'ai naturellement oublié vos craintes d'abord, puis vos recommandations, puis la promesse que je vous avais faite d'être raisonnable. A ce trait, feignez l'étonnement, je vous en supplie, et ne vous hâtez pas de me reconnaître.

Remarquez que mon projet a été perfidement mûri.

J'avais écrit aux parents d'Angélique pour savoir s'ils pourraient me loger durant mon séjour dans leur pays. Je ne voulais pas descendre à l'auberge. Les braves gens me répondirent par la main du maître d'école de la Briga que leur chaumière était à la disposition de la *padrona* de leur fille. L'écrivain ajoutait que personnellement il se mettait à mes ordres pour me guider partout où il me plairait d'aller.

Angélique prenait de l'importance. Je lui faisais subir chaque jour un nouvel interrogatoire.

— Notre village est pauvre, répondait-elle, et les routes de nos montagnes ne sont pas très-sûres. Peut-être madame aura-t-elle bien froid! Peut-être sera-t-il difficile de la nourrir! Mais, à part cela, madame, j'en suis sûre, ne se repentira pas plus d'avoir été dans mon pays que d'avoir été au Tanneron.

— C'est-à-dire que, si je ne meurs pas de

faim, si je ne gèle pas, si je ne suis pas assassinée, mon voyage à la Briga sera un délicieux voyage.

Enfin, la saison s'avançant et la neige commençant à fondre sur les Alpes, je résolus de me mettre en route; et pour que mes amis de Vallauris et du Golfe ne fussent pas tentés, eux aussi, de s'opposer à mon départ, je ne prévins personne.

— J'écrirai de la Briga, pensai-je, et je serai de retour avant qu'on songe à me poursuivre.

On m'a raconté depuis que les Vallauriens, en apprenant cette nouvelle fugue de leur étrangère, s'étaient dit les uns aux autres :

— Elle cherche l'agitation et le péril dans un pays où tout le monde vient chercher la sécurité et le repos. La pauvre, sans doute, porte au dedans d'elle une de ces souffrances que notre climat ne peut guérir et que notre paisible nature ne saurait apaiser.

Mes amis les Vallauriens m'ont assez bien jugée. Loin de Paris où la foule qui passe me devient une société, j'aime à saisir les occasions de fuir une solitude trop peuplée de souvenirs attristants. Heureuse, au début de ma vie, les pensées de mon âme eussent été semblables à l'eau dormante des lacs. Je suis peut-être de ceux à qui la douleur seule donne une impulsion, et que le bonheur attiédit.

C'est le vingt-neuf avril que je pris avec Angélique la voiture de Cannes à Nice. Je me dirigeais pour la première fois du côté de l'Italie, et j'étais d'humeur à me laisser aller aux impressions du chemin.

Dans les champs, le seigle se penchait déjà vers la terre, le blé jaunissait, l'avoine demandait à être fauchée. Çà et là de grands cyprès d'un vert sombre gardaient les maisons et les orangers du vent.

Les femmes passaient près de nous avec leurs capelines rondes, ornées de mouches de velours. Nous rencontrâmes des troupeaux de chèvres blondes, blanches et noires, et des troupeaux de moutons fraîchement tondus.

Les collines étaient resplendissantes de lumière, et les toits des petits villages, sur les hauteurs, étincelaient au soleil. A droite, les vagues écumantes sur la mer bleue ; à gauche, les bastides blanches sur ces autres vagues de la terre qu'on appelle des montagnes. C''était d'une harmonie intraduisible.

Dans une crevasse des petites Alpes, j'aperçus le bourg de Saint-Janet, plein de sombres légendes; puis Saint-Paul, puis Vence; plus près, Biot, avec ses anciennes maisons, ses sources d'eau qui coulent au milieu des rues, et ses fabriques de poterie où des ouvriers habiles dans un vieil art font à la main d'énormes vases de terre. Plus bas encore, le fort carré d'Antibes, avec ses tons si chauds, se découpait sur la mer. Au-dessus de Nice, on distinguait la Turbie.

D'Antibes à Cagnes,. les plaines sont nues; mais bientôt on voit les plus beaux oliviers du littoral, les orangers à fruits, les citronniers, les rivières qui font tourner les petits moulins, et les haies vives pleines de liserons blancs et roses.

Au pont du Var, Angélique me dit :

— C'est ici qu'autrefois on nous demandait nos papiers. Il nous fallait, en même temps que nos passe-ports, montrer aux douaniers chacun cent francs. Or, lorsque nous étions en famille, comment faisions-nous, pauvres ouvriers qui venions chercher du pain en France, pour nous procurer cinq ou six cents francs ?

— Oui, comment faisiez-vous ?

— Il y avait, madame, de l'autre côté du pont, dans cette grande maison jaune que vous voyez là-bas, une de nos payses, très-riche, qui nous prêtait ce dont nous avions besoin. Lorsqu'elle nous avait donné mille à deux mille francs, l'un des nôtres repassait le pont, et lui rendait l'argent qu'elle reprêtait à d'autres.

— Ne la volait-on pas quelquefois, cette brave payse ?

— Jamais, madame.

— Eh bien ! les Brigasques sont honnêtes, ma petite.

— Songez, dit naïvement la jeune fille, que si quelqu'un lui avait pris seulement dix sous, elle n'eût plus aidé personne, et que les gens de la Briga eussent été condamnés à mourir de faim au milieu de leurs neiges.

— Les voleurs, d'ordinaire, s'inquiètent peu de ces sortes de raisons.

Enfin, nous fîmes notre entrée dans Nice, la ville semblable à l'un des plus beaux quartiers de Paris.

Pour être à portée des renseignements, je descendis à l'*Hôtel de l'Univers*, où descendent toutes les diligences.

Aussitôt mon arrivée, je pris des informations sur les moyens de transport entre Nice et le col de Tende. Les employés des messageries se récrièrent.

— Comment, madame, me dit l'un d'eux, vous iriez seule au col de Tende? vous vous arrêteriez à la Briga, sans nécessité, pour votre agrément? Mais c'est incroyable. Visitez Monaco, Menton...

— Je veux, répétai-je, deux places pour la Briga.

— Avez-vous un passe-port, au moins?

— J'ai un passe-port.

Après avoir pour ainsi dire lutté contre tout le monde et contre Angélique elle-même, que l'on avait fini par effrayer un peu, je montai dans une diligence sale, crevassée, ouverte à tous les vents, et je m'installai pour seize heures sur une planche recouverte d'un lambeau de toile.

— Si vous revenez, madame, me dirent les employés de l'hôtel, ne manquez pas de redescendre à l'*Hôtel de l'Univers*.

Un peu émue, je mis plusieurs pièces de monnaie dans la main d'un mendiant.

— Que quelqu'un me souhaite au moins bon voyage.

— Bon voyage, madame, répondit le pauvre.

Nous partîmes. La diligence, après avoir franchi le large Paglion, si menaçant à l'époque de la fonte des neiges, puis traversé plusieurs petits bourgs très-propres et très-animés, commença de gravir un des cols de l'Escarène, à l'entrée du village qui donne son nom à la montagne.

Tout au fond d'une gorge étroite, au pied du col de Braüs et près d'un torrent, se trouve une petite maison peinte en rose. On la revoit à chaque détour du col, et l'on rêve de l'habiter. Mais peu à peu le jour tombe, et la maison, rougie par les derniers feux du soleil, fait songer aux histoires qui se racontent dans les montagnes. Tout prend alors un aspect lugubre. Les rochers d'un gris de deuil montrent leurs flancs arides; quelques-uns ressemblent à des forts crénelés. Deux villages, deux nids d'aigles, se dressent en face l'un de l'autre : c'est Coaraza et Castillon.

La lune envoyait à la terre ses plus incertaines lueurs. Je regardais les crêtes tremblotantes des plus hauts sommets. Les mules, si lentes, prirent tout à coup le galop et descendirent les tours du col de Braüs. La diligence ne cessait de gémir. Les cochers couraient en criant près de leurs bêtes. De chaque côté de la route, sur les versants, le sol était encombré de roches jetées au hasard, et dont quelques-unes étaient soulevées, béantes, comme la pierre d'un sépulcre ouvert. Une vague frayeur me saisit. J'essayai en vain de fermer les yeux.

La diligence s'arrêta devant une auberge. Il était environ dix heures du soir. Je mis pied à terre et j'entrai dans une grande salle éclairée seulement par la lueur pétillante d'un feu de pins. Deux hommes à l'air farouche causaient avec animation sous le manteau de la cheminée. Par une porte entr'ouverte j'aperçus dans une autre salle d'autres hommes avec la même mine peu rassurante. Ils jouaient aux cartes.

— Je suis dans un repaire de brigands, me dis-je.

Mon cœur battait avec violence. Je priai tout haut Angélique de demander pour moi du pain, du sucre et des oranges.

Les deux hommes de la cheminée éclatèrent de rire, et l'aubergiste répondit en patois :

— Les oranges ne poussent pas dans la neige.

— Vous êtes Française, madame? me demanda l'un des rieurs.

— Cela vous regarde-t-il, monsieur? repartis-je en essayant de dissimuler mon trouble.

—Très-bien. Je devine à votre accent que vous êtes Parisienne. Où habitez-vous à Paris, dans quel quartier? reprit l'homme effrontément.

Je ne répondis point.

L'aubergiste, intervenant, ajouta :

— Il connaît Paris, allez. Il y demeurait avant d'être notre pensionnaire.

Un Parisien pensionnaire dans une auberge du col de Braüs, cela me parut étrange et doubla mes craintes. Je me hâtai de remonter en voiture.

Nos conducteurs furent longtemps avant de sortir de l'auberge. Enfin nous nous remîmes en route. A chaque détour de la montagne je croyais voir apparaître le Parisien à la tête des joueurs.

Après avoir dépassé Sospello, escaladé et descendu le col de Bruis, Angélique me fit voir, en me les nommant : Breglio, au milieu duquel la Roya murmure; puis Saorgio, qui, suspendu aux flancs de la montagne et tout enveloppé du léger feuillage des oliviers, semble un village du pays des songes, retenu par la baguette des esprits au moment même où il allait s'envoler. Je vis aussi Fontan, la dernière ville de France, avec ses noires sentinelles.

Le blanc manteau des neiges couvrait les hauteurs; les rochers menaçants surplombaient la route; un torrent grondait au fond d'une gorge étroite.

Mais les vivantes clartés du soleil ont chassé les pâles lueurs de la lune. Tout s'anime, tout s'éveille, tout brille. Les fleurs blanches des cistes entr'ouvrent un à un leurs pétales délicats, les violettes curieuses regardent à travers les buissons, les boutons d'aubépine éclatent par centaines, les pins noirs s'éclairent, les buis épais s'argentent, les grands châtaigniers rougissent; l'herbe, dans la prairie, boit avidement la rosée du matin; les ceps de vigne semblent danser une ronde joyeuse et fêter le retour du soleil. Tout ce qui frissonnait se réchauffe. Les glayeuls bleus, les jacinthes parfument l'air. On entend les oiseaux. L'œil ébloui contemple, l'oreille écoute, charmée. Il semble parfois au milieu d'une si vague extase que ce sont les oiseaux qui s'épanouissent et les fleurs qui chantent!

Il pouvait être environ cinq heures du matin. Tout à coup le conducteur de la diligence me cria de descendre, et déposa ma malle au milieu de la route. Lorsque le grelot des mules eut cessé de se faire entendre et que je me vis seule avec Angélique, j'eus un moment de grande émotion.

— Où donc est la Briga? demandai-je.

On eût dit que la vallée dans laquelle nous nous trouvions n'avait point d'issue, et que tous ses chemins étaient barrés par les hautes montagnes. Mais, guidée par Angélique, je pénétrai au cœur d'un rocher, je me détournai un peu à gauche, et j'aperçus la Briga.

De chaque côté du large sentier qui mène au pays des Brigasques, le penchant des collines est couvert de blé encore en herbe. Les fleurs des pêchers, des pruniers, des cerisiers, tout est blanc et rose comme la neige sur la hauteur, comme les nuages autour du soleil.

— Ah! madame, s'écria la pauvre Angélique, nous sommes sauvées! J'aperçois mon père, le vieux Joseph, qui vient à notre rencontre.

Le père d'Angélique nous aborda peu d'instants après, et m'accueillit avec un empressement qui me fit bien augurer de mon séjour à la Briga.

LE DROIT DU SEIGNEUR

AU MÊME.

Vous souvenez-vous de ce que des paysans provençaux, questionnés par nous sur les Brigasques, nous répondirent un jour?

— Ce sont des gens dont le costume, le langage, les habitudes, diffèrent entièrement des nôtres. A peu près tranquilles en France, ils sont violents chez eux, et vivent comme des brutes. Ils descendent chaque année des montagnes au milieu desquelles est caché leur village, endroit misérable, dangereux, s'il en fut, et où pas un Provençal jusqu'ici ne s'est aventuré, bien heureusement.

J'habite la Briga depuis vingt-quatre heures. C'est un bourg de trois à quatre mille âmes, propre, avec des rues alignées, de nombreuses maisons couvertes de pierres d'ardoise, et bâti dans une étroite vallée pleine de courbes gracieuses. Pour moi, c'est un pays des plus originaux, et je vous assure que, quoique pauvre comme tous les pays de montagne, il n'a nullement l'aspect misérable.

Justice étant faite de l'opinion des Provençaux sur la Brige, je me hâte de vous annoncer une découverte dont je vous dois la primeur, mon cher philosophe, et pour laquelle l'Académie des inscriptions et belles-lettres ne peut manquer de me décerner quelque honorable mention. J'ai trouvé tout à la fois la trace authentique d'un nouveau Guillaume Tell, et la preuve irrécusable de l'existence du célèbre droit du seigneur. Jugez avec quel sentiment de ma récente importance je vous écris ces lignes. Je veux vous conter de point en point par quelle série de faits j'ai été mise en possession de cette vérité historique.

Hier matin, en arrivant à la Briga, j'aperçus un grand nombre de jeunes hommes en habit de fête réunis sur la place de l'église. Ils avaient la veste et le gilet brun des plus neufs, la culotte de velours, le bonnet rouge ou bien le chapeau de feutre noir avec une boucle d'argent.

Chacun s'empressa autour de Joseph et d'Angélique, et on leur fit mille questions sur l'étrangère.

De mon côté, je m'informai du motif de ce rassemblement.

— C'est le 1er mai, me répondirent plusieurs voix. Ne venez-vous pas nous le voir fêter?

Heureuse du prétexte qu'on m'offrait pour justifier mon apparition chez les Brigasques, je répliquai vivement :

— Je viens en effet pour cela; mais je croyais que la cérémonie commençait plus tard.

Un jeune homme fendit la foule, s'approcha de moi et me dit :

— Si vous voulez être des nôtres, soyez la bienvenue, madame. Quoique nous ne recevions pas souvent d'étrangers à la Briga, nous savons les honorer.

Pour un sauvage, le compliment était aimable. Je répondis :

— J'accepte avec plaisir votre invitation, et, malgré ma fatigue, je me réjouis de pouvoir comparer la manière dont vous fêtez le 1er mai à celle dont on le fête dans mon village.

— Comment les choses se passent-elles chez vous, madame? dit quelqu'un.

— Chez moi, on plante un bouleau orné de rubans à la porte de la jeune fille qui passe pour la plus belle ou pour la plus sage, et l'on danse autour.

— Vous permettez que nous nous mettions en marche, madame? me demanda le jeune homme qui m'avait parlé le premier.

Tout le monde répéta :

— En marche!

— Vont-ils loin? dis-je au père d'Angélique.

— Oh! non, madame; si vous voulez, nous les suivrons.

— Soit! Mais Angélique ira bien vite préparer mon déjeuner et ma chambre.

Les jeunes gens, deux par deux, traversèrent le village encore endormi. L'ordonnateur de la fête vint se placer à côté de Joseph. J'appris bientôt que c'était le maître d'école.

— Qu'allons-nous faire? lui demandai-je.

— Nous allons, premièrement, quitter le chemin près du pont Mirabella et franchir le torrent; nous gravirons ensuite la colline, puis, arrivés là-haut sur la montagne, dans ce grand bois que vous voyez, nous arracherons un pin qui deviendra l'arbre de la fète, notre Mai.

Chaque Brigasque prit son élan et sauta pardessus le torrent, très-peu large à cet endroit. Je passai avec le père d'Angélique sur le pont Mirabella. Lorsque je me retrouvai près du maître d'école, il me dit :

— Je suis le voisin de Joseph, et je vous renouvelle, madame, l'offre que j'ai déjà eu l'honneur de vous faire : je me mets entièrement à votre disposition. Je connais bien le pays, je vous le montrerai dans tous ses détails, et, si vous le désirez, nous causerons des petits événements qui s'y sont accomplis.

Je le remerciai de grand cœur, et, en un instant, le maître d'école et moi nous devînmes les meilleurs amis du monde.

Nous montions depuis une demi-heure environ, quand nous atteignîmes une plate-forme, près de la route qui conduit par la montagne les piétons à Gênes.

Soudain un jeune homme sortit des rangs, s'approcha d'un beau pin, et, le frappant avec une vieille cognée :

— Celui-là ! cria-t-il.

Aussitôt les rangs se rompirent. Chacun, tour à tour, prit la cognée et frappa sur les racines de l'arbre choisi.

Ce furent bientôt des cris, des rires à ne plus s'entendre. Je me bouchai les oreilles, j'appelai le vieux Joseph, et je redescendis vers la Briga.

Le maître d'école ne tarda pas à nous rejoindre.

— Arrêtons-nous ici, madame, me dit-il, et reposons-nous en attendant mes camarades. Je veux vous raconter l'origine de la fête que vous nous voyez célébrer aujourd'hui.

Nous nous assîmes, et le maître commença ainsi :

Il y avait à la Briga, dans un temps très-éloigné de nous, un jeune seigneur riche et puissant qu'on appelait le comte Louis. Il habitait un château situé au penchant de la colline qui fait face à notre église. Dans le même temps, il y avait au village une jeune fille, pauvre, mais remarquablement belle. Quand, le dimanche, elle mettait son corsage noir ouvert sur une pièce d'étoffe d'un rouge moins brillant que ses joues, et qu'elle entourait son épaisse couronne de cheveux blonds de beaux rubans bleus, elle eût fait envie aux dames de la cour les mieux habillées. Le seigneur, bien des fois, en passant près d'elle, lui avait dit des paroles d'amour. On prétendait même qu'il lui avait fait offrir des bijoux et de l'or par son intendant. La jeune fille refusa tout, parce qu'elle était sage, et parce qu'elle aimait un jeune paysan, pauvre comme elle, à qui ses parents l'avaient fiancée. Elle s'appelait Rénée; son futur, Pierre Lenteri. Ils s'étaient promis de s'unir le premier mai. Pierre, qui n'ignorait point la passion du seigneur pour son amie, avait résolu de tenir son mariage secret.

Car à cette époque, lorsque le jour du mariage d'une de ses serves arrivait à la connaissance d'un seigneur, celui-ci pouvait forcer l'épousée de passer la première nuit de ses noces au château.

Vers le quinze avril on vit venir à la Briga un noble Autrichien, ami du seigneur. Dès les premières paroles, les jeunes gens, dit-on, se firent des confidences. Le comte Louis parla de son amour et des refus de Rénée.

— Que d'égards pour une vilaine! s'écria le jeune noble. A votre place, j'enlèverais tout simplement la petite aujourd'hui même.

Le conteur piémontais s'interrompit pour me dire :

Vous voyez que déjà dans ce temps-là les traîtres venaient de l'Autriche.

Puis il reprit :

Le seigneur de la Briga hésitait.

— Enlever la petite, dit-il à l'Autrichien, est chose dangereuse. Elle a une famille, un fiancé, qui la vengerait peut-être.

— Elle a un fiancé! répéta l'Autrichien. Bravo! voilà qui s'arrange à merveille. Faites hâter le mariage de ces aimables jeunes gens, et servez-vous d'une loi fort utile en semblable circonstance, que ni vous ni les vôtres, je l'espère, n'avez eu la sottise d'abolir.

— Nous avons la loi; mais je crains que la petite ne consente à se laisser marier secrètement.

— En ce cas, dit l'Autrichien, il faut s'entendre avec le curé.

— Le curé se taira.

— Un prêtre ne peut s'obstiner à garder le secret d'une vilaine quand un seigneur le lui demande. Si cela d'ailleurs était possible, nous aviserions.

Quelques jours avant l'époque fixée par Rénée et Pierre pour leur mariage secret, un homme d'armes du château s'arrêta sur la place du village. Après avoir réuni à son de trompe un assez grand nombre de Brigasques, il lut une ordonnance de son très-puissant seigneur.

Cette ordonnance, approuvée par l'évêque de Turin, disait l'écriture, déclarait nuls les mariages secrets célébrés en l'église de la Brige à partir du jour de la publication de ladite ordonnance.

L'Autrichien, sur le refus du prêtre de trahir les pauvres jeunes gens, avait pris l'autorisation de l'évêque de Turin sous son bonnet.

Lorsque Pierre entendit cette fatale lecture, il demeura un moment anéanti. Mais bientôt il reprit courage en se souvenant que sa famille était nombreuse, et il alla trouver un à un tous ses parents.

Le soir même de ce jour on eût pu voir la moitié des hommes du village se glisser lentement hors des maisons, prendre des chemins détournés dans la montagne, et gagner la grotte des Merveilles.

Pierre y arriva le premier. Quand tout le monde fut rassemblé, on jura de défendre contre le tyran la personne et les membres de la famille Lenteri, et d'obéir à tous les ordres de Pierre, le chef de la conjuration.

Le premier mai, à dix heures du matin, les cloches de la Brige sonnèrent à toutes volées, et le prêtre maria Pierre Lenteri et sa future.

Au moment où les époux sortaient de l'église, l'homme d'armes qui avait publié l'ordonnance s'approcha de Rénée et lui enjoignit de se rendre au château le soir même, à huit heures.

La jeune femme fondit en larmes, et, s'attachant à son mari, elle déclara que la mort seule l'en séparerait.

Cependant, à huit heures, la pauvre Brigasque, enveloppée de ses longs voiles d'épousée, se présentait seule à la première porte du château. Le pont-levis s'abaissa pour la laisser passer, puis de nouveau il se releva.

On introduisit Rénée dans une grande salle au milieu de laquelle une table brillamment éclairée portait des fleurs et des fruits. La jeune femme alla s'asseoir dans le coin le plus sombre de la salle. Bientôt le seigneur parut. Il avait quitté sa cotte de mailles pour revêtir un élégant habit de cour.

Le comte Louis s'étant dirigé vers la porte

par laquelle la Brigasque était entrée, la ferma, en tira lui-même les lourds verrous, et, prenant place à table :

— Viens ici, mignonne, dit-il, nous boirons à ton bonheur.

Rénée ne répondit pas.

— Viens, poursuivit le jeune comte avec impatience, je te l'ordonne! Aussi vrai que je suis le seigneur de la Brige, tu es ma vassale et tu me dois obéissance!

Ayant dit, il versa du vin dans une coupe, puis, la portant à ses lèvres, il ajouta cruellement :

— Regarde-moi bien, petite; je bois à la santé de Pierre Lenteri!

Quelque chose comme une menace répondit à cette grossière injure.

Le maître du château, après avoir vainement employé la prière pour attirer la jeune femme près de lui, détacha de sa ceinture un long stylet. Alors, jouant avec la lame :

— Voici, dit-il, qui saura te forcer de prendre place à côté de moi.

Rénée ne fit pas un mouvement.

Le seigneur s'élança vers elle et la prit dans ses bras... Mais, au même instant, il tombait frappé d'un coup de poignard.

Avant de fermer les yeux pour toujours, le comte Louis put voir sortir de dessous les voiles de l'épousée le visage de Pierre Lenteri.

Dès qu'il fut certain que le seigneur avait cessé de vivre, Pierre saisit un flambeau et se précipita vers une fenêtre qu'il ouvrit. A ce signal, d'autres signaux répondirent; des échelles furent dressées contre les murs de la forteresse, et trois cents paysans armés de fourches montèrent à l'assaut.

Pierre combattit à la tête de ses parents, tua l'Autrichien, et força la garnison de se rendre. En le voyant dans ce costume d'épousée, les soldats avaient cru à un miracle et s'étaient, il faut le dire, assez mal défendus.

Le jour même de la prise du château, hommes, femmes, enfants, vieillards, s'acharnèrent à sa démolition. Leurs pères l'avaient bâti; eux, le détruisirent de fond en comble.

Lorsqu'il ne resta plus pierre sur pierre, ils vinrent par la route que nous avons suivie arracher un pin dans le bois de la Map, et ils le plantèrent sur la place en signe de délivrance.

Le maître d'école avait terminé son récit.

Chaque année, ajouta-t-il, on fête à la Briga l'anniversaire de la prise du château. L'aîné, parmi les fils d'un des descendants de Pierre Lenteri et de Rénée, choisit un pin qu'on abat avec la cognée dont se servit son aïeul pour abattre le premier Mai, et c'est encore l'aînée parmi les filles d'une des descendantes de Pierre qui orne le pin de rubans à son arrivée sur la place du village.

Bientôt la colonne, le Mai en tête, quitta le bois et nous rejoignit. Un des descendants de Pierre Lenteri portait la mémorable cognée. Sur la place, nous vîmes une belle jeune fille s'avancer gravement à la tête de ses compagnes, s'approcher du Mai, et l'orner de rubans de toutes couleurs.

Les garçons ensuite reprirent l'arbre, le plantèrent, et l'on commença de danser autour.

J'étais lasse, et je priai le vieux Joseph de me conduire chez lui. Le maître d'école nous accompagna.

— Croiriez-vous, me dit-il, que notre maire, il y a deux ans, voulut abolir la fête du Mai, sous le prétexte qu'on cause un dommage à la commune en lui prenant un bel arbre chaque printemps? Il ajoutait que cet usage ne signifiait rien, et qu'on n'en connaissait même pas les causes premières. A la Brige, en effet, madame, la tradition de l'histoire que je vous ai racontée s'était perdue ; c'est moi qui, en fouillant nos archives, ai retrouvé la trace du grand acte de courage de Pierre Lenteri. Les Brigasques savent tous aujourd'hui ce qu'ils fètent, et notre maire s'est résigné à laisser subsister une coutume qui a pour point de départ un événement aussi glorieux.

La commune de la Brige possède des archives très-anciennes et très-curieuses, selon le maître d'école, qui m'a chargée d'en faire part à mes amis archéologues ou historiens.

LES PARENTS D'ANGÉLIQUE

AU MÊME.

Angélique et sa mère m'attendaient sur leur porte.

La brave femme, troublée par ma présence, essaya quelques compliments, et ne put que répéter en levant les mains au ciel :

— Ah! bonne madame, bonne madame!

Après avoir gravi les marches d'un haut perron, j'entrai dans une pièce basse et voûtée qui me parut bien sombre et bien froide au premier abord. Mais un beau feu de sarments et de pommes de pin pétilla tout à coup dans l'âtre, et les rayons d'un gai soleil de printemps vinrent dorer les murs intérieurs de la chaumière.

Une table, quelques chaises, une armoire, et, luxe fort envié à la Briga, une potière avec des plats, des tasses, des assiettes, des marmites de Vallauris, formaient tout l'ameublement de la maison. Des instruments de travail étaient soigneusement rangés dans un coin.

Angélique me fit remarquer que les murs de la *salle* étaient blanchis à neuf.

— Mon père, madame, a négligé pendant tout un jour de sarcler son blé pour faire sa maison plus belle et plus digne de vous recevoir.

Le vieux Joseph ajouta naïvement :

— Tout le monde me disait dans le village : « C'est donc une princesse que vous attendez? »

A ce moment on me servit mon déjeuner composé de châtaignes, d'œufs et de fromage.

Plusieurs voisines de Joseph apportèrent des fruits. Un petit garçon entr'ouvrit la porte, déposa sur la table un bouquet de fleurs de pommier et s'enfuit après avoir jeté sur moi un regard curieux.

Je fus véritablement touchée de ces attentions. Nous échangeâmes plusieurs questions, les voisines de Joseph et moi. Mais bientôt la fatigue l'emporta sur le désir que j'avais de les interroger davantage, et je demandai à mes hôtes la permission de prendre un repos dont j'avais grand besoin.

Angélique me conduisit dans la chambre qui m'avait été préparée. Pauvre petite chambre! Il y avait sur quatre planches de la paille recouverte de gros draps, puis une chaise, un miroir, une image de la Vierge et ma caisse. La servante du vicaire avait prêté un oreiller. Angélique avait sacrifié un de ses plus beaux fichus de laine pour faire un tapis.

Pouvais-je réclamer chez des Brigasques les aises que j'avais à Bruyère? Non, sans doute : je me résignai donc, et, en vérité, cela me fut bien facile.

Ni à la porte ni à la fenêtre de ma chambre il n'y avait de serrures. On posait de grosses pierres contre l'une et contre l'autre pour empêcher le vent d'entrer. La porte et la fenêtre cependant donnaient sur un corridor qui donnait lui-même sur la rue.

— Il n'y a pas de voleurs à la Briga, me dis-je, puisqu'il n'y a pas de verrous.

Je m'endormis dans mes gros draps tout parfumés de l'odeur des racines d'iris, et, comme les paysans couchés sur la paille fraîche, je rêvai de blé mûr et de moisson.

Vers deux heures de l'après-midi, je me levai, et nous allâmes, Angélique et moi, sur la place de l'église, où l'on dansait toujours.

On m'apporta deux chaises et je présidai gaiement à la fête. J'eus même l'honneur de clore le bal avec un des descendants de Pierre Lenteri.

Le soir, chez Angélique, il y eut illumination. Sous le manteau de la cheminée, on alluma trois bouts de résine au lieu d'un.

Quelques parents de Joseph se crurent autorisés à venir tenir compagnie à son étrangère. Le maître d'école ne se fit pas attendre. On mêla tour à tour dans la conversation le patois piémontais, le patois provençal, un peu d'italien, un peu de français, et l'on se comprit à merveille.

Celui qui porta le plus souvent la parole fut le maître d'école. Il quitta la veillée le dernier. Après son départ, j'interrogeai mes hôtes sur son compte.

Le maître d'école de la Briga est fort instruit et fort simple. Il sait le grec, le latin, et il lave et repasse lui-même sa cravate blanche et ses manchettes. Il admire avec enthousiasme les hommes d'État de son pays, dont il reçoit trois cents francs par an. On l'aime à la Brige, et, sans argent, il sait faire beaucoup de bien.

— Nous lui devons notre aisance et notre bonheur, me dit le vieux Joseph, et... tenez, madame, pour vous le faire connaître entièrement, je vais vous raconter de quelle manière il sut me ramener à la sagesse.

— Je vous écoute.

Tel que vous me voyez, madame, commença le Brigasque d'un ton brusque, j'étais un assez mauvais homme, et je ne suis pas fâché de l'avouer une fois pour toutes devant ma femme et devant Angélique. Je regrette seulement que mes autres filles et mon fils ne soient pas là. Il fut un temps où je me grisais tous les jours de la semaine et où j'aimais le vin autant que j'aime aujourd'hui le travail. Il faut bien que j'en convienne : je battais ma femme et mes enfants. Monsieur le maître venait quelquefois défendre les miens contre moi-même. Mais j'avais le poignet plus ferme que lui et je le renvoyais assez rudement à son école.

— Je ne suis plus un petit garçon, monsieur le maître, lui disais-je. Pour l'amour de Dieu, laissez-moi me conduire tout seul.

— Non, Joseph, me répondait-il, vous n'êtes plus un petit garçon, vous êtes pis que cela, vous êtes sans raison, sans conscience, vous êtes une véritable brute. Tandis que vous buvez, vos enfants, votre femme, ont froid, ils ont faim, et moi, le pauvre, je suis souvent forcé de leur donner du feu et du pain.

— Que je m'enivre au cabaret ou que je travaille, qu'est-ce que cela peut faire? répliquais-je ; je ne possède rien, je n'amasserai jamais un sou, je suis un misérable et je resterai toujours tel. Je m'étourdis afin d'oublier mon triste sort. Que les miens s'arrangent !

Je rendais mes pauvres enfants si malheureux qu'une année, quoiqu'ils fussent encore bien jeunes, ils partirent tous les quatre pour la France après avoir recommandé leur mère à monsieur le maître.

Ils n'avaient point de vêtements autres que ceux qu'ils portaient sur leur dos, et pas un liard. Quelques voisins charitables s'étaient réunis pour leur faire une petite provision de châtaignes. Lorsque mes enfants me quittèrent, j'étais ivre, et je montrai une si grande indifférence que toutes les femmes de la Briga me surnommèrent : « Le mauvais homme. »

Mes filles et mon garçon ne manquaient pas de courage; ils savaient supporter la fatigue, le froid, la faim. Les pauvrets travaillèrent tant, et si fort, qu'ils parvinrent à économiser cent francs.

L'aînée, qui gardait la bourse, voulut à son retour à la Briga donner son argent au maître d'école, afin qu'il le rendît à leur mère par petites portions, et que la pauvre femme fût désormais à l'abri du besoin.

Le maître d'école prit la bourse et vint

chez moi. Les enfants, inquiets, l'avaient suivi.

— Père Joseph, me dit-il en entrant, il faut à partir d'aujourd'hui vous corriger de vos vilaines habitudes. Vous n'avez plus de raisons de vous étourdir, vous n'êtes plus un misérable.

Ma femme et moi nous écoutions sans comprendre.

Le maître ajouta :

— Je vous procurerai le moyen d'acheter un morceau de terre, si vous voulez me promettre que vous ne vous griserez plus.

— Vous me prêterez de l'argent, à moi? m'écriai-je; et qui vous le rendra?

— Je vous prêterai, dit le maître, l'argent que vos enfants ont rapporté de France.

— Notre garçon et nos filles n'ont pu se vêtir et se nourrir en Provence que par miracle: comment voudriez-vous qu'ils eussent fait des économies?

— Ils ont amassé cent francs, répliqua le maître, et les voici!

Alors il jeta sur la table de belles pièces reluisantes que mes petits avaient gagnées de leurs petites mains, à la sueur de leur front. Je saisis l'argent, et je l'embrassai, puis j'embrassai mes enfants. Ils étaient pâles et amaigris.

— Comme ils ont dû travailler, m'écriai-je, pour amasser une si grosse somme! que de privations il leur a fallu supporter!...

En disant ces paroles, je pleurais pour la première fois de ma vie. Ma femme, mes filles, le maître d'école et mon garçon versaient des larmes de joie.

Puis je répétai en regardant notre fortune :

— Ce sont mes petits qui l'ont gagnée!

Huit jours plus tard, j'achetai un coin de terre, et, depuis ce temps-là, je n'ai pas remis une seule fois les pieds à l'auberge.

Chaque année mes enfants retournent en France, et chaque année nous devenons plus riches. Maintenant nous nous aimons tous, et nous sommes heureux.

Angélique et sa mère avaient écouté le vieux Joseph avec une émotion très-vive. Après qu'il eut cessé de parler, toutes deux éclatèrent en sanglots.

— Que vous avez bien fait de nous dire cela! murmurait la jeune fille. Pourquoi mes sœurs et mon frère ne vous ont-ils pas entendu?

— Je vous le demande, madame, poursuivit le vieux Brigasque : n'est-ce pas au maître d'école que je dois mon aisance et mon bonheur?

— Vos enfants, Joseph, y ont contribué pour le moins autant, et ils méritent bien que vous les aimiez.

— Je les aime.

Il était tard, j'allai me coucher.

Le lendemain, lorsque je m'éveillai, il faisait grand jour. Le déjeuner, au dire d'Angélique, ne pouvait attendre. Je ne pris pas le temps de finir ma toilette et j'entrai dans la salle avec ma robe de nuit.

Cette robe, que j'avais apportée en prévision du froid, était une robe de flanelle rouge.

Quand la mère d'Angélique me vit paraître, elle poussa de tels cris d'admiration que ses voisines accoururent. Ce fut un enthousiasme indescriptible, et il me fallut réfléchir quelque temps pour en avoir l'explication.

Les Brigasques portent sur la poitrine un petit morceau de flanelle rouge qui sert à rehausser l'éclat de leur teint. Ce morceau, qu'on nomme tout simplement « le rouge, » est la pièce la plus importante du costume des femmes de la Briga. Elles le payent très-cher relativement au reste de leur pauvre toilette.

— Une robe toute en rouge! s'écrièrent les voisines d'Angélique. Ah! la belle madame, la belle madame!

Ni la soie ni les broderies les plus riches n'eussent frappé l'imagination des Brigasques comme cette robe de flanelle.

Je m'amusai beaucoup de l'enthousiasme des voisines, et j'eûs l'idée de le mettre à profit.

— La veille de mon départ, leur dis-je, je couperai ma robe et je distribuerai des rouges à toutes les femmes et à toutes les filles de la Briga.

Alors mon succès n'eut plus de bornes.

— *Eccellentissima signora!* répétait-on de tous côtés.

Depuis ce moment, je marche de triomphe en

triomphe. Les femmes et les filles me comblent de fleurs et de fruits. On ne prononce plus une seule fois mon nom sans le faire précéder d'une épithète gracieuse, et l'on répond avec empressement à toutes mes questions.

PROMENADE

AU MÊME.

Angélique, un matin, me proposa d'aller au Fontan.

— C'est, dit-elle, la seule promenade qu'on puisse faire ici sans fatigue. Nous visiterons au Fontan la chapelle de la Vierge.

J'acceptai, et nous partîmes.

J'avais vu dans la plaine d'Antibes le seigle et le blé mûrs ; à la Briga, je les retrouvais sans épis. En Provence, la chaleur était excessive ; dans la montagne, les pâles rayons du soleil commençaient seulement à percer les dernières brumes de l'hiver.

Nous marchions lentement. Les sentiers étaient pleins de paysannes qui revenaient chez elles pour préparer le repas de midi. Les mulets agitaient leurs clochettes. Un large torrent qu'on appelle le Vallon grondait au pied des collines.

Je passai sur le Pont-du-Diable. Là des enfants étaient assis. Une fillette dévorait avec avidité une belle tourte que ses camarades regardaient d'un œil jaloux. En m'apercevant la petite se leva, rompit sa galette et m'en offrit poliment le plus beau morceau. Je refusai en riant. Comme elle insistait, je lui mis quelques sous dans la main.

L'enfant, après avoir regardé les beaux sous de France, s'approcha d'Angélique et les lui rendit.

— Rosine, murmura-t-elle, aimerait mieux du rouge.

— Vraiment, dit la jeune servante, tu veux du rouge? Pourquoi faire, grand Dieu?

— Eh! pour le mettre, comme les grandes, sous les rubans de mon corsage.

La Brigasque haussa les épaules. Mais je dis à l'enfant :

— Je te donnerai un morceau de rouge.

Rosine, à cette promesse, fut si émue qu'elle ne trouva pas un mot à répondre.

— Comment, lui cria de loin Angélique, tu ne remercies pas madame?

La fillette appuya ses dix doigts sur sa bouche et m'envoya plusieurs gros baisers.

— Chez nous, madame, reprit Angélique, je crois que les filles se feraient pendre pour un morceau de rouge.

— Les filles de la Briga me paraissent tenir à leur costume plus que les garçons.

— Oui, madame, les jeunes gens d'aujourd'hui s'imaginent qu'ils en savent plus long que le catéchisme ; ils croient que le monde ne finira point, et ils entreprennent toutes sortes de choses nouvelles. Nous autres, nous sommes plus religieuses ; nous pensons que notre costume a été porté plus longtemps qu'il ne le sera, et nous trouvons que ce n'est pas la peine d'en changer.

Les troupeaux, semblables à des essaims,

étaient suspendus aux flancs des montagnes. Ils montent ainsi chaque printemps, à mesure que la neige fond, jusqu'au sommet des Hautes-Alpes.

— Toutes ces bêtes que vous voyez appartiennent aux gens de notre commune, dit Angélique. Elles restent durant vingt jours environ au-dessus de la Briga, puis elles disparaissent pour ne revenir qu'à l'automne. Les bêtes sont notre fortune, et nous ne pouvons en avoir d'autre. Chez nous le sol est ingrat, difficile à cultiver. Nous élevons à grand'peine des murs pour soutenir sur les pentes un peu de terre bien maigre ; une avalanche passe, un torrent grossit, et voilà tout à recommencer. Si, l'hiver, l'eau et la neige ne détruisent pas nos semailles, les troupeaux s'en chargent souvent. Lorsqu'ils montent, ils dévorent le blé en herbe, les premières pousses des pommes de terre et les jeunes bourgeons de la vigne. Un propriétaire se fâche-t-il, tout le pays est contre lui, les femmes surtout. Le berger menace de lui rendre ses propres bêtes, et il n'ose plus rien dire. La terre, à la Briga, n'est pas estimée comme le troupeau.

— Qu'est-ce que cela ? dis-je tout à coup en voyant le torrent bouillonner.

— On lâche les écluses.

Le Vallon faisait grand bruit. Il entraînait dans sa course rapide d'énormes billots de mélèzes qui se heurtaient les uns contre les autres. Les petits enfants de la Briga s'amusaient à courir dans le sentier aussi vite que les billots dans le torrent.

— Ces tronçons d'arbres, jetés d'abord du haut de la montagne, dit Angélique, vont ainsi, poussés par l'eau qu'on amasse, jusqu'à Vintimiglia, où se trouvent un grand nombre de scieries. Ils mettent trois ou quatre mois pour faire la route, mais à la fin ils arrivent, et, comme ils sont marqués, chacun là-bas reconnaît les siens.

J'aime la voix de l'eau. Je m'assis au bord du torrent.

— Madame, quelle imprudence ! s'écria Angélique : vous voilà tout près de la Roche-qui-Mange.

— Je serais curieuse d'être dévorée par une pierre.

— Vous riez, madame! dit la Brigasque en venant s'asseoir près de moi : eh bien! il y a deux ou trois ans, je n'aurais fait à aucun prix ce que je fais là. Depuis que le monde est monde les petits garçons et les petites filles de la Briga tremblent de frayeur en parlant de la Roche-qui-Mange. Ceux qui traversent le chemin et qui ne veulent pas être dévorés jettent des cailloux dans ce grand creux qu'on appelle sa grande bouche. Tandis qu'elle s'amuse à croquer des cailloux, on peut passer sans crainte. Mais il n'est plus permis aux filles ni aux garçons de croire à cette sottise après leurs quinze ans; et, lorsque nous nous entretenons de gens sans courage ou sans malice, nous avons l'habitude de dire : « Ceux-là ont encore peur de la Roche-qui-Mange! »

Les peupliers et les saules déployaient leurs premières feuilles. Dans la prairie s'entr'ouvraient des primevères, que les Brigasques appellent « les fleurs de la faim, » parce qu'au moment où elles paraissent tous les greniers sont vides.

Où le sombre hiver règne en maître, le printemps se montre davantage. Des milliers de papillons blancs voltigeaient sur les pâquerettes et sur les orties roses. Les abeilles encore engourdies cherchaient les rares violettes, trahies déjà par leur doux parfum.

Près du moulin de Chanesme, la cascade chantait. Pendant que je l'écoutais, un troupeau de chèvres blondes, conduit par une jeune fille, s'approcha de nous.

Dès qu'elle reconnaît la chevrière, Angélique se lève.

— C'est, dit-elle, une *ma* cousine.

Les Brigasques s'embrassent. Elles ne se sont pas vues depuis six mois. L'une est allée en Provence, l'autre près de Gènes. On marche un moment ensemble, et l'on cause après m'en avoir demandé la permission.

Sur le vieux mur du moulin je regarde un beau lierre. Plus verte que le lierre et mieux attachée aux ruines pousse « l'herbe des pleureuses, » qui fait disparaître autour des beaux yeux la trace des larmes.

Les deux cousines parlent haut, et j'entends leur conversation. Elles s'entretiennent de toutes choses, de tout le monde. Celui-ci est en France, celle-là revient du Génois. Les questions se pressent, les réponses se hâtent. Point de place pour la médisance, pour la jalousie. Les filles de la Briga sont douces, honnêtes et bonnes.

Quand la chevrière se fut éloignée, je dis à sa compagne :

— Il me semble que ton village est peuplé de braves gens.

— Que voulez-vous, madame, répondit naïvement Angélique, les Brigasques boivent de l'eau excellente et du vin fait dans leur propre pays. Ils mangent des lentilles, des châtaignes, du lait, de la polenta, et jamais la chair des bêtes qu'ils ont élevées. Avec une semblable nourriture on ne peut pas devenir méchant.

— Tu crois donc que la viande et le vin étranger donnent un mauvais caractère ?

— Je l'ai toujours entendu dire.

Après deux ou trois nouvelles stations nous arrivâmes près de la chapelle de la Vierge du Fontan. La petite église est très-ancienne et en grande réputation. A l'intérieur il y a de très-vieilles peintures, sur lesquelles on raconte la légende que voici :

Alors le monde était tout jeune, car il y a de cette histoire cent et cent ans. Le bon Dieu ni la Madone ne s'étaient point encore lassés de faire des miracles pour les chrétiens. La Briga couvrait la vallée tout entière, depuis San-Dalmas jusqu'au Fontan, et l'on comptait dans le bourg, qui était une ville, soixante-quinze chapelles.

Un seigneur fit bâtir la petite chapelle du Fontan. Dès qu'elle fut terminée, il parla d'en peindre lui-même les murs. Or il n'avait jamais tenu un pinceau. Lorsque les paysans passaient près de la chapelle, ils riaient tout haut en disant :

— La Madone aura de belles peintures !

Plusieurs personnes essayèrent de voir l'ouvrage du seigneur; mais les murs étaient couverts de grandes toiles, et ni par le trou de la serrure, ni par les fenêtres, ni par le toit, on ne put rien découvrir. Cependant le seigneur ne paraissait point inquiet, et quand on lui demandait des nouvelles de ses travaux, il répondait :

— Je surprendrai tout le monde.

— Il est fou, répétaient les gens de la Briga. Il va gâter une église bénie, et la Madone le punira.

Un dimanche, le seigneur fit publier dans la ville que la chapelle serait ouverte le jeudi suivant. On accourut de toutes parts. On entra... Les grandes toiles étaient enlevées. Les Brigasques trouvèrent les peintures si belles, si divines, qu'ils se mirent à genoux devant.

Le seigneur alors s'écria :

— Admirez donc, admirez donc ! et dites s'il y eut jamais sur la terre un plus grand peintre que moi !

Les paysans se turent. Un secret pressentiment les avertissait de ne point louer le seigneur de la Briga.

— Je suis un grand peintre, répétait celui-ci, plus grand que les grands !

— Tu es un orgueilleux! dit une voix qui fit trembler la chapelle. Oublies-tu que c'est moi qui t'ai conduit la main?

Le seigneur, atterré, sortit précipitamment. Depuis il n'osa plus se montrer nulle part, et l'histoire ajoute qu'il mourut de chagrin.

La morale de cette légende, selon les Brigasques, c'est qu'il ne faut pas s'attribuer les œuvres de la Madone ni celles de Dieu.

Les peintures ne sont plus ce qu'elles furent autrefois. Pendant les guerres elles ont été à peu près détruites. Il y avait aussi dans les grottes, sous la chapelle, une fontaine qui donnait du vin; mais les soldats français en ont tant bu, dit-on, qu'elle est tarie.

Autour de la petite église, la campagne est fort belle. L'herbe est parfumée, les châtaigniers hauts et touffus. Des roches de toutes couleurs ferment l'horizon. On aperçoit au loin les montagnes du Roi; de chaque côté, les hautes collines de la Fée et de la Map. Des flocons légers entourent le pic de l'Enfer, et l'on ne saurait dire qui de la neige ou des nuages a le plus de blancheur.

— Pourquoi prétendais-tu que ton pays était laid? demandai-je à ma Brigasque.

— Ah! madame, il ressemble si peu à la Provence! Je suis bien heureuse de me dire que vous ne le trouvez pas trop vilain. Je l'aime, moi, ma pauvre Briga, parce que la montagne est toujours belle pour les montagnards. J'aime à revoir nos sapins et nos châtaigniers dont les racines s'accrochent avec tant de peine aux rochers de nos collines. J'aime à regarder au printemps les découpures de la terre quand la neige fond. J'aime à entendre les chansons brigasques et les clochettes de notre bétail. J'aime dans le mois de juin voir les cerises rouges mûrir au milieu des blés, et le dimanche, avec mes sœurs et mes compagnes, j'aime à chercher la fraise au milieu des mousses de nos bois. La Brige est si gaie au moment de la récolte, après que tous les jeunes gens sont rentrés! Et la vendange donc! voilà qui est amusant! De la montagne au village, c'est à qui courra le plus vite. Les femmes et les filles descendent les raisins sur leur tête dans de grandes corbeilles. On chante, on rit, et le soir on danse autour des cuves. Tout le monde est heureux. Les petits lézards gris qui portent bonheur aux champs, quoique plus d'un soit écrasé ces jours-là, ce qu'on a soin de cacher aux autres, sont eux-mêmes en fête, car, en même temps que le raisin des hommes, mûrit une belle graine rouge qui leur plaît fort et qu'on appelle « le raisin des lézards »... Mais l'hiver est triste. Les vieillards et les petits enfants demeurent seuls à la Briga. Les femmes, les hommes, les jeunes garçons, les jeunes filles partent pour le Génois, pour le comté de Nice ou pour la Provence. Ils travaillent au soleil, pendant qu'ici la neige tombe. Au pays, les vieillards et les enfants passent la journée dans les étables. Lorsqu'ils en sortent, ils sont jaunes comme la paille que mange le bétail et comme les feuilles des châtaigniers avec lesquelles on prépare le lit des chevaux, des vaches et des ânes. Chez nous, madame, les bêtes et les terres font partie de la famille. L'hiver on vit avec les unes, l'été avec les autres. Dans la mauvaise saison, la moitié des gens couchent dans les étables près des bêtes; dans la bonne, on couche dans les campagnes, tout près de la terre.

Après une longue promenade, je rentrai dans le village. Les toits couverts de pierres d'ardoise étincelaient. Au-dessous de la chapelle Saint-Sauveur on apercevait les ruines du vieux château rougies par les feux du couchant. Je m'assis à la porte d'un jardin, près d'un pêcher en fleur. Les ombres du soir planaient sur la Briga. Le merle redisait sa chanson. L'hirondelle regagnait son nid. Au loin, dans les bois, on entendait la voix monotone du coucou.

— Madame me permet-elle de faire une question au coucou ? dit Angélique.

— Certainement, ma petite. Que veux-tu lui demander ?

— Je voudrais apprendre de lui l'époque de mon mariage.

— Très-bien ! Et de quelle manière te répondra-t-il ?

— J'attendrai qu'il se taise un instant, et je lui dirai : « Coucou, dans combien d'années me marierai-je? » Chaque fois qu'il répétera : « Coucou ! » je compterai un an.

— Et s'il ne répond pas ?

— Cela voudra dire que je me mettrai en ménage avant l'hiver prochain.

Angélique interrogea l'oiseau, et celui-ci répéta cinq fois : « Coucou ! »

— Dans cinq ans, dit-elle. C'est parfait. Mais vous, madame, ajouta la jeune Brigasque avec malice, ne lui demandez-vous rien ?

— Je ne puis lui demander quand je me marierai, petite, par une bonne raison que tu sais bien:

Angélique se serait fait damner pour moi. Elle insista pour que j'interrogeasse le coucou... Mais l'oiseau avait pris son vol, et nous l'aperçûmes fuyant à travers les airs, comme pour éviter une question embarrassante.

PAR LA MONTAGNE

AU MÊME.

Le dimanche est un jour de repos qu'à la Briga tout le monde observe. Joseph lui-même oublie ses terres du samedi soir au lundi matin. Le vieux Brigasque et le maître d'école convinrent de faire avec moi l'ascension du col de Tende un dimanche.

Un dimanche donc, montée sur une mule, et suivie d'Angélique, de Joseph et du maître d'école, je me mis en route au premier chant du coq. Certaine brume blanche autour du soleil annonçait le beau temps. Pour arriver plus vite à Tende nous prîmes le chemin de la montagne.

Je passai près d'un rocher qui domine la Briga et qu'on appelle « l'Homme-de-Pierre. » On croit dans le pays que ce rocher a été autrefois un homme de chair et d'os.

Il fit mourir sa mère en naissant, et fut pendant sa vie dur pour son père, dur pour sa femme, dur pour ses enfants, dur pour Dieu! A sa mort il refusa de s'amender. Le prêtre, qui était un saint, ne voulut pas lui donner une place dans la terre bénie. Alors ses parents, ne sachant où le mettre, le portèrent dans une de ses propriétés. Trois jours après, les Brigasques en se réveillant aperçurent l'homme, debout sur la montagne et changé en statue de pierre.

On invoque encore son souvenir contre les mauvaises gens : « Craignez, leur dit-on, de rester sans sépulture à votre mort et d'être exposé sur la colline! Vous seriez dévoré par les loups ou vous deviendriez semblable à l'Homme-de-Pierre. »

En pénétrant au cœur de la montagne, je me rendis mieux compte des ressources du paysan de ces pauvres contrées. D'en bas on n'aperçoit que des roches nues, et l'on distingue à peine les châtaigniers dont la neige a bruni le tronc; mais en montant on découvre des centaines de petites campagnes bien abritées, des plateaux cultivés avec soin, et l'on comprend mieux comment un bourg de trois à quatre mille âmes trouve sa subsistance durant une partie de l'année sur ce sol aride.

Les toits de la Briga étaient couverts d'une rosée brillante. On entendait tour à tour la voix grave du torrent, le son adouci des cloches, et sur les hauteurs voisines ce long bèlement des génisses et des brebis qui sortent du sommeil.

On voyait San-Dalmas au milieu des prés verts, le chemin sinueux qui conduit au lac des Merveilles et à la Mine d'Argent, puis, çà et là, de petites cabanes pareilles à des bastides, où les gens de la montagne, au lieu de fleurs d'oranger, de feuilles de roses et de violettes, recueillent les châtaignes à l'écorce épineuse.

Dans ces maisonnettes, au temps de la récolte, les jeunes filles veillent pour garder le fruit.

Leurs fiancés, après le repas du soir, viennent les y rejoindre. Alors, dans la solitude sévère, en face de ces rochers noircis par le temps, d'une nature pour ainsi dire immuable, on se jure un amour éternel.

La fortune ne sourit point aux fiancés de la Briga comme aux fiancés provençaux. Dans la montagne, on n'apporte jamais en mariage les promesses d'une terre généreuse. Le sol y boit la sueur, les larmes de l'homme, et, en retour, il ne lui accorde même pas l'espérance. Cependant la terre n'en est pas moins bien soignée. Comme une tendre mère s'attache davantage à ses enfants les plus chétifs et se sent récompensée par le plus pâle sourire, l'homme s'attache au sol infertile en raison du mal qu'il se donne, et lorsque, après de durs labeurs, un peu de blé noir lui est rendu, il se déclare satisfait.

La terre est rarement vendue à la Briga, car les Brigasques seuls peuvent l'acheter. Si l'on ne cultive point cette terre avec ses propres bras, avec les bras de ses enfants, elle ne rapporte pas assez pour payer l'ouvrier. On trouve à la

Briga, pour cette raison, des propriétaires qui se contentent de leur avoir et ne désirent point y ajouter.

— Chez nous, me dit Joseph, on n'a ni grand revers ni grande peine, parce que l'on n'a ni grosse espérance ni grosse ambition. L'existence des uns ressemble à celle des autres. Lorsque le lendemain est venu, qu'importe ce que la veille a pu être! En fait d'épreuves de la destinée, nous avons seulement la mort.

— La mort! répéta le maître d'école, mot terrible pour les heureux, mais triste tout au plus pour celui qui, après avoir longtemps remué la terre, la voit s'entr'ouvrir doucement. Dans nos montagnes, si les enfants malingres meurent, le rude climat, la fatigue y affermissent la santé des autres; aussi point de maladie. La dernière heure sonne-t-elle pour les vieillards, on se réunit autour d'eux; ils recommandent l'héritage aux soins de leurs fils, et ils versent quelques larmes en pensant à leurs pauvres terres. Après avoir un peu gémi, le mourant accepte les consolations de ses proches. En lui la nature et l'esprit ne songent point à lutter; il s'éteint... Les morts, à la Briga, n'ont ni le visage épouvanté du faible, ni le front orgueilleux de l'homme qui veut faire dire : « Il est mort avec fermeté. » On porte le défunt à l'église dans un cercueil ouvert. Il est assis, les mains jointes, la tête penchée sur sa poitrine et les yeux fermés. Il dort, il repose. Quand il passe, on le salue; les petits enfants lui disent « bonjour » par son nom. Point de cris déchirants lorsqu'on se quitte, mais la résignation.

Joseph prit ma mule par la bride pour me faire descendre une côte escarpée, du haut de laquelle j'aperçus Tende pour la première fois. Tende est au bord de la route de Côni. Quoiqu'il y ait moins d'habitants qu'à la Briga, c'est une ville. Les maisons et les jeunes filles y sont plus coquettes. La plus simple demeure y a son balcon, et dans tout le pays environnant, si l'on voit une femme mise avec élégance, on dit : « C'est une Tendasque. »

Les servantes elles-mêmes portent la jupe d'indienne au lieu de la jupe de cotonnade, et un fichu sur leur collerette. C'est, paraît-il, un très-grand luxe. Lorsqu'une jeune Brigasque rapporte de Provence, au lieu du costume traditionnel, une toilette semblable à celle des filles de Tende, on ne manque pas de dire à son père :

— Votre fille a de trop beaux habits pour son rang; vous ferez bien de surveiller ses actions.

Nous traversâmes la route de Côni près d'une petite maison abandonnée, sur laquelle on raconte des histoires dignes d'Anne Radcliff, et qu'on nomme la Villa-Maudite.

A Tende, je descendis à l'*Albergo Nazionale*, où je me reposai un moment. Plusieurs Tendasques me déclarèrent que j'aurais un temps superbe pour faire mon ascension, et, après être remontée sur une mule fraîche, je commençai de gravir les trente-six tours du col.

LE COL DE TENDE

AU MÊME.

Nous continuâmes de monter. En chemin, ma petite servante cueillit un bouquet de fleurs de genêt, l'entoura de branches de cinéraire aux reflets d'argent, et me l'offrit. Bientôt le froid devint très-vif, et je pressai l'allure de ma mule, tandis que mes compagnons hâtaient le pas.

Malgré les douaniers et les sentinelles de Fontan, je m'étais jusque-là toujours cru en France. J'allais donc contempler pour la première fois un vrai paysage d'Italie. J'eusse pris de moi-même une mince idée, si je n'avais senti l'enthousiasme traditionnel envahir mon cœur.

— L'Italie! m'écriai-je d'un ton de dithyrambe qui eût été assez ridicule pour d'autres que pour le maître d'école, le vieux Brigasque et la pauvre Angélique. L'Italie! ce mot résonne à mon oreille et me fait tressaillir comme un nom aimé. Heureux ceux qui connaissent un tel pays, qui ont visité ces villes si riches d'immortels souvenirs, ces palais dont les murs renferment toutes les merveilles de l'art!

— C'est le plus grand et le plus beau royaume de l'univers, repartit le maître d'école qui s'éleva sans difficulté au même diapason que moi. En Italie, l'art, le patriotisme, l'amour, tout y est plus passionné, plus vivant, plus élevé qu'ailleurs,

— Halte-là! dis-je, j'aime et j'admire l'Italie; mais, premièrement, permettez-moi d'aimer et d'admirer la France.

Mon compagnon se tut.

La curiosité me vint d'entendre un maître d'école et un paysan piémontais parler des affaires de leur pays, et j'ajoutai :

— En regardant au fond de moi-même, je

reconnais que je suis Française d'abord; mais je désire ardemment que l'Italie triomphe de tous ses ennemis, de ceux du dehors et de ceux du dedans.

— L'Italie, dit le maître d'école, sortira de toutes les difficultés triomphante et une, soyez-en certaine, madame. Elle marche lentement à son but, c'est vrai, et l'on s'agite beaucoup chez nous pour ne rien faire. Chaque Italien voit des empêchements particuliers à l'unité italienne. Ces empêchements sont pour les politiques dans une alliance, presque une tutelle, qui ôte à l'Italie sa spontanéité d'action; pour les militaires, dans le petit nombre de nos soldats; pour les administrateurs, dans le mauvais état de notre administration civile. Moi, qui suis maître d'école, je vois le principal obstacle à l'unité italienne dans la confusion de nos dialectes. Tout le monde en Italie, sauf les Toscans, parle autre chose que l'italien. Les Piémontais parlent le piémontais et même le français; les Siciliens, le sicilien; les Napolitains et les Lombards, des dialectes distincts, je devrais dire des langues, tant ils diffèrent entre eux. Je n'exagère pas. A mon avis, ce qu'il y a de plus urgent en Italie, c'est d'apprendre l'italien aux Italiens. Les peuples qui parlent la même langue subissent plus volontiers le même gouvernement, les mêmes lois, les mêmes impôts. C'est alors une affaire de peu de temps. Si l'on suit mon conseil, n'en doutez pas, madame, nous verrons bientôt l'Italie apaisée devenir une et forte.

Joseph, qui depuis longtemps cherchait en vain à placer un mot, saisit la première occasion aux cheveux.

— Je ne la trouve pas déjà si faible, *la povera Italia*, repartit le vieux Brigasque. Elle a plutôt la maladie de tous les Italiens, et pour la guérir il ne faudrait que lui tirer un peu de rouge.

— Ah! mon Dieu! Joseph, m'écriai-je, seriez-vous un homme sanguinaire?

— Non, non, pas du tout. Attendez, je vais m'expliquer plus clairement. La capitale d'un pays, n'est-ce pas? c'est son cœur. Eh bien! le cœur de l'Italie a trop de rouge, il faut lui en ôter.

— Vous appelez cela vous expliquer, Joseph!

Mais, si je comprends, vous êtes plus sanguinaire que jamais!

— Oh! madame, je veux dire tout simplement qu'il faut mettre les habillés de rouge à la porte de Rome... D'ailleurs, j'ai encore une autre idée.

— Laquelle!

— Si Garibaldi aimait la chasse, nous serions sauvés.

— Vraiment!

— Oui, parce qu'alors il chasserait avec notre roi, et que tous deux s'entendraient. Mais, par malheur, Garibaldi ne chasse pas, il aime mieux pêcher et cultiver la terre. Le jour où Garibaldi et le roi seront tout à fait d'accord, tout ira bien, très-bien, j'en suis sûr. A la place de monsieur le maître, voilà ce que j'aurais dit au prince Humbert s'il m'avait interrogé sur l'opinion des gens de la Briga.

— Le prince Humbert est venu dans votre bourg? demandai-je au maître d'école.

— Oui, madame, à l'époque de l'annexion. Pour vous et moi, c'est déjà de l'histoire ancienne, mais pour les gens de la Briga, qui ne s'occupent guère de politique, c'est un événement considérable qui restera gravé dans leur mémoire durant de longues années. Je vous ai dit, madame, mon amour pour l'Italie, et vous pouvez juger de mon désespoir en entendant parler d'annexion. Mais, quand je sus que le Piémont abandonnait tout le comté de Nice et ne gardait que notre pauvre bourgade avec Tende, je prévis qu'on nous ruinait et je me mis à la tête du parti français. Croiriez-vous, madame, que nous avons payé l'année dernière trente-six mille francs de droits à la France? Les cols de Braus et de Bruis sont autrement faciles à franchir que le col de Tende, et nous avons nos relations avec Nice plutôt qu'avec Côni. Lorsque le prince Humbert arriva dans notre pays, des malveillants me signalèrent comme un perturbateur. Il me fit venir et m'interrogea. Je lui exposai les motifs de ce qu'il appelait ma rébellion. « Les intérêts matériels, répondit le prince, ne doivent jamais faire oublier sa patrie à un vrai patriote. » Les arrangements des rois sont extraordinaires! Qui de nous aurait pu s'imaginer que le Piémont finirait un jour à la

Briga et que les frontières de France s'arrêteraient à Fontan, un petit pays sans défense, placé au beau milieu d'une vallée? Nous voulions être Français avec les Niçois, et nous allâmes tous voter à Nice. On prit nos voix et l'on nous laissa.

— Ah! madame, dit Angélique, notre pays était bien animé du temps des votes. Nous autres, nous voulions être Françaises, parce qu'en France, dit-on, les filles ont une part dans la succession de leurs parents, tandis qu'ici la coutume est de tout donner aux garçons.

— Ce n'est pas une coutume, c'est la loi, dit le maître d'école, qui, en Piémont, dispose de l'héritage entier en faveur des fils.

— Figurez-vous, madame, que nous étions parvenues à mettre les jeunes gens de notre parti. Ils finirent par comprendre que s'ils avaient moins et nous davantage, cela reviendrait au même, puisque chez nous tout le monde se marie.

— Une chose encore les faisait pencher du côté de la France, dit le maître d'école. Chez vous, madame, les garçons ont une chance d'échapper au service militaire; en Piémont, ils sont tous soldats. S'ils tirent un bon numéro, ils servent cinq ans ; s'ils en tirent un mauvais, ils servent onze ans. Personne n'est exempté.

— Mais pourquoi décidément n'êtes-vous pas Français ? demandai-je.

Joseph, qui, en sa qualité de paysan, attachait une grande importance aux petites choses, répondit :

— Moi, je le sais.

— Dites-le donc.

— Je ne suis point un savant et je ne cherche jamais midi à quatorze heures. Voici donc ce que je pense. Les montagnes qui entourent la Briga sont de belles montagnes, sur lesquelles notre roi aime à chasser le lièvre, le faisan et le chamois. La France n'a point voulu les lui prendre, et, en vérité, nos deux pauvres petites bourgades ne valaient pas le chagrin qu'on eût fait à notre Victor.

Tout en causant, nous atteignîmes le sommet du col. J'avais devant moi Limone, Il Vernante et Côni, cachés dans les replis de la montagne ; les noires forêts de sapins et de mélèzes, de hauts taillis de rododendrums, et des routes étrangement sinueuses et tordues. A ma droite, j'aperçus la Méditerranée et les premiers rivages italiens qu'elle baigne de ses ondes amoureuses. Je contemplais, pensive, ce ciel d'azur plus bleu encore que le ciel de Provence, et j'eus la tentation de descendre vers ces terres charmantes dont le seul aspect me causait une émotion nouvelle. Mais je me souvins à temps du cercle que je m'étais tracé du haut du Grand-Pin, et je me ramenai moi-même vers la France... Je revis le littoral qui s'étend de Nice à l'Estérel, et je me reprochai mon infidélité d'un moment. Mes yeux cherchèrent du côté de Vallauris la montagne du Grand-Pin : elle s'élevait à peine hors de terre.

EN DESCENDANT

AU MÊME.

A partir du dixième tour du col, en descendant, je commençai à revoir les terres des Tendasques. Pauvres terres ! plus avares encore que celles de la Briga. Tout y pousse comme à regret, et les propriétaires sont obligés d'avoir deux champs pour un. Il faut semer dans le premier avant de moissonner dans le second ; car, après la récolte faite, déjà la neige tombe, et l'on n'a plus le temps d'ensemencer. Ainsi, deux hectares ne rapportent aux Tendasques que ce qu'un seul rapporte aux habitants de la Briga. Dans cette partie des Alpes, où l'on ne cultive que du seigle, les belles théories contre les jachères ont donc tort forcément.

Autour même de Tende, il n'y a que des rochers à pic, point de campagnes. Quand la neige fond et que les plateaux du col reverdissent, les cultivateurs tendasques montent. Ils s'installent pour trois mois dans leurs chalets de la montagne, et ne redescendent que chassés par la neige. Durant trois mois, ils n'entendent que le mugissement lointain des troupeaux, la voix des cascades, et, sur les hauteurs, le bruit de la glace qui craque au soleil. Ils n'aperçoivent que leurs terres, les arbres des forêts et le ciel. Mais l'homme de la montagne ne connaît pas l'ennui.

— A la Briga, dit Joseph, les campagnes les plus éloignées ne sont guère qu'à une heure du bourg, au lieu que les campagnes les plus proches des Tendasques sont au moins à quatre heures de Tende.

— Quoique les filles de Tende aient le droit de s'habiller mieux que nous autres, je ne voudrais pour rien au monde être Tendasque, dit Angélique.

— Ainsi, demandai-je au maître d'école, les Brigasques sont relativement favorisés par la nature ?

— Oui, madame, la Briga, telle que vous l'avez vue, est la commune la plus riche de la montagne. Elle a des revenus, elle nourrit ses pauvres, paye son médecin et ses prêtres. Notre bourg est très-ancien ; il a son importance dans l'histoire de ces contrées, et les chroniques disent qu'il eut son jour de gloire. Ce furent les gens de la Briga qui empêchèrent César de franchir les Alpes au col Ardent. Cette belle résistance leur valut de la part du général romain le surnom de « brigands. » César fonda Tende en haine de la Brige. Depuis ce temps-là, quoique Tendasques et Brigasques s'appellent voisins, ils sont restés ennemis, et tous les ans, à l'époque du tirage au sort, les jeunes gens des deux pays prouvent par des rixes sanglantes que la vieille animosité de leurs aïeux n'est pas éteinte.

— Si les garçons de la Briga détestent ceux de Tende, dit Angélique, les filles de notre bourg n'aiment guère non plus leurs voisines. Je suis bien contente de savoir que c'est à cause de César. Aviez-vous entendu parler de cet homme-là, mon père?

Joseph s'entretenait avec moi. Il ne fit aucune attention à la demande de sa fille. Le maître d'école s'approcha d'Angélique et se mit à la plaisanter.

— Notre maître est un savant, me disait Joseph.

— Oui, il sait beaucoup de choses.

— Il en sait trop, madame. Il veut trop apprendre. Sa tête à la fin tournera. Ses yeux mêmes commencent à regarder autre chose que ce qu'ils voient.

— Ce n'est pas l'étude qui donne de tels yeux. Votre maître, j'en suis certaine, a de gros chagrins.

— Chut! taisons-nous, mon voisin nous écoute.

— Avez-vous fait souvent l'ascension du col? dis-je au maître qui paraissait soupçonner que nous parlions de lui.

— Il fut un temps, madame, où j'avais besoin d'être seul, où j'essayais de fuir mes pensées. Mon front était toujours brûlant. Alors je montais jusque dans la région des neiges, et plus haut je montais, plus je me sentais calme... Oui, madame, j'ai fait souvent l'ascension du col de Tende.

— Je connais cette douloureuse et constante inquiétude qui vous met le bâton du Juif-Errant à la main.

— Le mal, dit Joseph, n'a pas de maison et il faut que chacun le loge un peu.

Après un instant de silence, je regardai le maître d'école. Une larme brillait dans ses yeux.

— J'ai perdu tout ce que j'aimais, murmura-t-il.

— Notre pauvre maître, repartit Joseph, est bien malheureux. On le plaint à la Briga; mais que pouvons-nous faire, nous autres ignorants, pour le consoler? Tenez, monsieur le maître, je disais tout à l'heure à madame que le savoir finirait par égarer votre raison, que vos yeux déjà se troublaient. Elle m'a répondu que c'était le chagrin et non l'étude qui donnait ces yeux-là. Vous devriez causer avec elle ; je suis sûr que ses paroles vous rendraient un peu de courage.

— Me suis-je trompée, monsieur le maître? N'est-il pas vrai que c'est le chagrin et non la science consolatrice qui met sur votre visage cet air de désolation?

— Vous êtes devineresse, madame.

— Point du tout. A mon avis, pour voir dans l'esprit des autres, il suffit tout simplement de regarder dans le sien. Moi aussi j'ai beaucoup souffert, monsieur le maître, mais j'ai voulu triompher de mon affliction, et j'en ai triomphé. Je ne sais pas me laisser écraser par la douleur; je m'emporte contre elle, je lui livre bataille avec tant de violence qu'elle est forcée de me fuir. La douleur aime qui s'abandonne, qui se laisse envahir par elle, qui se laisse torturer lentement et détruire.

— Résister à la douleur, c'est chercher l'oubli et l'indifférence ; mieux vaut la folie ou la mort, dit le maître.

— Si je me condamnais à ne vivre qu'avec des souvenirs, répondis-je, je ferais en sorte de les encadrer le plus gracieusement possible, et le jour où je bannirais l'espérance de mon avenir, je saurais en même temps bannir l'amertume de mon passé. Quand l'homme résiste tout un jour à certains désespoirs, c'est que l'existence lui plaît encore, et lors même qu'il porterait dans son cœur le deuil le plus noir, il n'a pas le droit de se désoler outre mesure tant qu'il voit du bleu dans l'air, de la pourpre sur les fleurs, de l'or au soleil et sur les blés.

— Moi, dit le maître d'école, j'ai toujours couru après la douleur. Je la voulais grande, forte, en harmonie avec l'austère nature qui m'entoure. Cette douleur, je l'ai trouvée. Depuis huit mois, je vis seul avec elle, et si quelquefois par faiblesse j'essaye de lui échapper, dès que je reprends un peu de force, je lui reviens tout entier.

J'avais le désir de commettre une indiscrétion. Angélique m'en épargna la peine.

— Monsieur le maître, dit la jeune fille, madame me demandera certainement les causes de votre chagrin, et je les lui expliquerai très-mal. Vous devriez lui raconter vous-même tout cela.

— Je crains, monsieur le maître, ajoutai-je, que le récit de vos souffrances ne vous attriste beaucoup, et malgré tout l'intérêt...

Angélique posa la main sur le bras du jeune homme ; puis, m'interrompant :

— Dites, monsieur le maître; madame est bonne; elle vous plaindra de tout son cœur... Quant à moi et quant à mon père, vous savez bien que nos meilleures larmes sont toujours à votre service.

— Je sais que vous êtes de braves gens, répliqua le maître d'école avec émotion.

— Croyez-moi, madame, murmura le vieux Joseph à mon oreille, plus d'un père et plus d'une fille dans notre pays aimeraient à consoler le maître.

— Écoutons, dis-je.

LA BERGÈRE

AU MÊME.

Le maître d'école, après avoir hésité pendant quelques minutes, commença brusquement ainsi :

... Elle s'appelait Thérèse. Quoiqu'elle eût un frère et qu'à la Briga les garçons seuls soient considérés comme des enfants, son père et sa mère la chérissaient. Thérèse était belle, et cependant ses compagnes n'en étaient point jalouses, parce qu'elle-même songeait peu à sa beauté, et qu'elle ne se plaisait pas, comme bien des jeunes filles, à user de ses charmes pour attirer autour d'elle les fiancés des autres.

Elle était adorée de tout le monde ! Mais Thérèse, de son côté, aimait trop de choses et trop de gens pour s'attacher à quelqu'un en particulier. Elle était d'une serviabilité, d'une bonté inépuisables. Sans cesse elle avait sur les lèvres un sourire et des mots charmants pour les heureux; sans cesse elle avait au bord de ses longs cils noirs des larmes pour la souffrance. Gaie, sensible, toute en manifestations extérieures, c'était une véritable italienne.

Le dimanche, à l'église, lorsqu'elle passait près du buste de notre roi, elle manquait rarement d'ajouter à son salut quelque aimable vœu. Chaque année, le jour du vendredi saint, quand le curé prêchait la Passion de Notre-Seigneur, elle gémissait bien haut sur les tortures du doux Jésus, et revenait malade chez son père.

Tout cela, quoique contraire à ma nature, me plaisait. Je n'avais pas encore demandé la main de Thérèse; mais son père, sa mère, et tous les Brigasques connaissaient mon amour pour elle. Ma position me permettant de choisir parmi les filles de la Briga, nul ne doutait que je ne l'obtinsse en mariage.

Thérèse était pour moi pleine de tendresse, de respect. Cependant, si je lui eusse fait part de mes projets d'union, elle n'aurait pas manqué de rire et de me répondre ce qu'elle avait déjà répondu à plusieurs garçons : « Le meilleur temps des femmes n'est pas dans le mariage. Revenez l'année prochaine. »

Le frère de Thérèse, chose rare à la Briga, était faible et chétif. Un été, en revenant de France, il tomba gravement malade et mourut. Cette mort, qu'on aurait dû prévoir et à laquelle personne n'avait songé, changea complétement la situation de Thérèse.

Le père de la jeune fille avait un troupeau de moutons considérable, que son fils menait chaque hiver autour de Cannes pour vendre les agneaux et le lait des brebis.

Les troupeaux de la Briga sont toujours conduits en France par ceux à qui ils appartiennent. L'été, on les confie en masse aux bergers qui montent dans les Alpes. Ces bergers sont du pays et méritent la confiance qu'on leur accorde.

Thérèse, son frère mort, avait la garde du

troupeau et elle était obligée d'aller passer l'hiver en Provence. Son père, la voyant triste, lui proposa plusieurs fois de la remplacer. Il était interdit à Thérèse d'accepter un tel sacrifice. Comment le bonhomme aurait-il pu quitter en même temps ses terres, la Briga, sa femme et sa fille ?

Le jour du départ arriva. Quoique ma désolation et celle de ses parents fussent grandes, elles ne pouvaient se comparer au désespoir de Thérèse. Elle embrassait tout le monde, jusqu'aux vieillards, jusqu'aux enfants, et répétait avec des sanglots : « Adieu ! adieu ! »

La pensée que je ne reverrais plus Thérèse pendant six mois me déchirait le cœur. Je me disais aussi que mon mariage avec la bergère devenait plus difficile.

Elle ne partait point seule. Son troupeau de moutons était mêlé à un autre troupeau. Un cousin et une cousine, qui devaient s'arrêter comme elle autour de Cannes, l'accompagnaient.

Après le départ de Thérèse, je pris l'habitude d'aller passer mes soirées chez son père. Nous causions d'elle, de son retour, tandis que la neige tombait au dehors.

— Elle n'a pas froid, au moins, répétais-je souvent ; mais combien la pauvre petite doit s'ennuyer !

— Monsieur le maître, me dit un jour la mère de Thérèse, je suis bien à plaindre. Je n'avais que deux enfants, et ils m'ont quittée tous les deux le même hiver.

— Thérèse manque à la Briga, repartit le père. Me blâmerais-tu, femme, si pour garder notre fille je vendais mon troupeau l'année prochaine?

— C'est un bon troupeau, dit-elle, et il nous rapporte nos revenus les plus clairs ; mais qu'est-ce que l'argent auprès du bonheur de voir notre Thérèse tous les jours?

— Alors, je vendrai mes moutons.

— Père, je te devrai une grande joie, répondit la vieille femme en se levant pour embrasser son mari.

Ils pleuraient ; je pleurai avec eux.

— Lorsque Thérèse vous parlera de mariage,

vous penserez à moi, n'est-ce pas? dis-je avec émotion.

— Oui, oui, monsieur le maître, répondirent-ils en même temps.

— Ah! m'écriai-je, c'est que je l'aime, moi, comme vous désirez certainement qu'on l'aime.

— Nous le savons, dit le père en me prenant les mains.

C'est ainsi qu'en parlant de Thérèse, nous vîmes l'hiver s'écouler.

Enfin la neige commença de fondre et le torrent de chanter. Petit à petit les blés sur les versants se découvrirent, et les rayons du soleil percèrent la couche glacée des nuages. Les hirondelles revinrent gazouiller aux fenêtres de nos maisons. Le printemps égaye. Il semble qu'avec les feuilles renaisse chaque année l'espérance.

Je songeais à Thérèse, et je comptais les jours.

— Encore deux mois, encore six semaines, encore un mois, me disais-je à mesure que le temps marchait, et je la verrai!

Dès qu'un Brigasque arrivait de France, j courais chez lui, et je lui demandais des nou velles de la bergère.

— Doit-elle être heureuse de voir le momen de son retour approcher! A-t-elle dû s'en nuyer!

— Il faut bien le croire, me répondait-o avec embarras.

— Monsieur le maître, ajoutèrent les dernier venus, vous la trouverez bien changée.

— Tant mieux, disais-je, quoique un peu in quiet. Elle a sans doute beaucoup souffert d l'ennui; mais tout s'arrangera.

Le père de Thérèse reçut une lettre de s fille qui annonçait son arrivée prochaine. Ell était restée tard en France. Son cousin et s cousine ramenaient leur troupeau par les bois Elle devait les suivre et rentrer à la Briga ver le quinze juin.

En attendant Thérèse, ses parents et moi nou refaisions tous nos projets de l'hiver. Il fut con venu que le troupeau serait donné pendant l belle saison aux bergers des Alpes, et vendu e bon point à la foire de Saourgio; puis que, si la jeune fille y consentait, on nous fiancerait avant l'hiver.

Nous attendîmes...

Un matin j'aperçus Thérèse sur la route. Je courus à sa rencontre. Combien, en effet, je la trouvai changée! Non-seulement elle était pâle et amaigrie, mais ses yeux avaient perdu leur regard des temps passés. Au lieu de recevoir les impressions du dehors, ils brillaient d'un feu sombre et comme intérieur. Elle parlait à peine. Rien ne peut rendre le trouble que j'éprouvai en la considérant. C'était pour moi une personne inconnue, et je n'osais l'interroger.

Le soir je dînai chez les parents de Thérèse.

— Tu as dû t'ennuyer beaucoup, ma pauvre enfant? répétai-je encore.

— Mais non, pas trop.

— Alors pourquoi es-tu si pâle?

— C'est la fatigue.

— Non, petite, lui dit sa mère, c'est l'ennui. Tu veux nous faire croire que tu n'as pas eu de chagrin en laissant tes vieux parents seuls. Tu as tort, car ton père lui-même désire te garder l'hiver prochain.

— Que ferez-vous du troupeau? demanda-t-elle vivement.

— On le vendra.

— Ne plus retourner en France! c'est impossible; il faut que j'y retourne.

— Pourquoi? pourquoi? m'écriai-je.

— Thérèse, ajouta la mère en pâlissant, que signifient ces paroles?

— Je me suis attachée à mes bêtes, répliqua-t-elle en rougissant, et je ne pourrais plus m'en séparer.

— Elle ment, repartit le père. Laissez-nous, monsieur le maître, et je saurai la forcer de nous dire la vérité.

Je sortis. Mon cœur me faisait un mal affreux. Je courus longtemps dans la montagne, et je revins très-tard chez moi. Le père de Thérèse m'attendait.

— Elle aime un Provençal, me dit-il avec colère, et elle est aimée de lui.

— Tout est-il donc fini pour moi?...

— Non, répondit le vieux Brigasque d'un air sombre. Je suis plus décidé encore à vendre mon troupeau. Qu'irait faire Thérèse en Provence? chercher le déshonneur. Vous le savez aussi bien que nous, monsieur le maître, jamais un Provençal n'épousera une Brigasque. Elle est belle, notre pauvre Thérèse! elle est bonne et facile à tromper. J'ai le droit d'employer tous les moyens pour guérir ma fille d'un amour où je ne vois que de la honte. C'est à moi de la sauver, et je la sauverai!... Nous ne lui avons point parlé de votre demande. Elle a pour vous un grand respect que le titre d'amoureux eût probablement détruit. Vous nous aiderez à faire son bonheur malgré elle, car ce bonheur-là c'est le nôtre, et c'est aussi le vôtre.

L'énergie du père de Thérèse me rendit toute ma volonté. Je lui serrai la main, et je lui dis, non sans égoïsme peut-être, que j'approuvais entièrement sa conduite.

— C'est ici qu'elle a laissé toutes ses connaissances, ses habitudes, ses amis, ses parents, ajouta-t-il; c'est ici qu'elle retrouvera sa gaieté et qu'elle oubliera le Provençal.

— Espérons, dis-je, espérons!

Pouvais-je renoncer à Thérèse et ne pas la disputer même au monde entier? Je rassemblai toutes mes forces, et je me préparai à la lutte.

Son père et moi, tous les jours, nous nous entretenions d'elle. Il me demandait comment il se faisait que sa fille, si indifférente à la Brige aux choses de l'amour, eût donné tout à coup son cœur à un étranger, à l'un de ceux qui méprisent si ouvertement les siens. Je lui répondais que la pauvre enfant s'était vue seule après avoir été plus entourée qu'une autre; que tout à la fois lui avait manqué. J'ajoutai qu'au lieu de vivre dans les neiges de son pays, elle avait vécu sous le doux ciel de la Provence, et que son cœur alors s'était comme fondu aux chauds rayons du soleil. L'amour, fatalement, en de telles circonstances, devait être bien accueilli.

Matin et soir je songeais. Mon esprit, toujours visité par les mêmes appréhensions, en était comme égaré. Je me disais que Thérèse était fière et sage, et que, sûrement, elle n'avait accepté l'affection d'un jeune homme qu'après l'avoir entendu parler de fiançailles. Le Provençal l'aime peut-être assez pour l'épouser, me disais-je encore, elle est si belle!... De quel droit est-ce que je me place en travers de leur amour?... Le désespoir envahissait mon cœur peu à peu. Je finis par éviter la bergère et ses parents eux-mêmes.

Un soir je rencontrai le père de Thérèse dans la montagne. Il m'arrêta, et nous nous assîmes l'un à côté de l'autre.

— Monsieur le maître, me dit-il, le cousin et la cousine m'ont tout appris. Voulez-vous que je vous raconte ce qu'ils m'ont raconté?

Je n'eus pas la force de répondre autrement que par un signe de tête.

Celui que Thérèse aime, dit-il, est le fils d'un laitier de Cannes. Mon garçon avait l'habitude de vendre le lait de ses brebis au père, qui le revend lui-même aux malades, et ma fille ne crut pas devoir changer d'acheteur. Ce laitier et sa femme, la voyant seule, furent très-bons pour elle dans les commencements. Leur fils allait quelquefois garder une douzaine de chèvres, qu'ils possèdent, dans les endroits où Thérèse faisait paître son troupeau, de sorte qu'ils passaient ensemble de longues journées. Mon neveu et ma nièce firent un jour là-dessus des observations à ma fille. Celle-ci ne voulut rien écouter et se fâcha. Ils sermonnèrent alors le fils du laitier, qui déclara son intention de prendre Thérèse pour femme et répondit qu'il était en droit de la courtiser.

Quelques semaines avant le départ de Thérèse, l'amoureux, à ce qu'il paraît, supplia son père et sa mère de le laisser se fiancer à notre fille. La scène fut terrible. Les parents, qui sont Provençaux, c'est-à-dire violents et entêtés, allèrent jusqu'à battre leur fils et jusqu'à l'enfermer. La laitière, interrogée sur les bruits qu'on avait entendus chez elle, fit part à ses voisines de ses ennuis, et celles-ci naturellement donnèrent tort à la pauvre fille de la montagne.

Thérèse ignorait toute cette affaire. Le laitier,

sans qu'elle sût pourquoi, lui avait dit un matin qu'il pouvait se passer de son lait. Elle le vendait à d'autres, et n'avait plus aucun rapport avec les parents de son amoureux; mais, n'ayant pas revu celui-ci depuis plusieurs jours, elle pensa qu'il était malade, et, surmontant son embarras, elle osa aller en demander des nouvelles. La malheureuse eut à subir un cruel affront. Elle fut insultée par la laitière et par ses voisines.

— Comment, comment! répétaient les Cannoises, une Brigasque veut épouser un Provençal. Ah! l'intrigante! ah! la sorcière! Elle lui a jeté un sort. Vilaine Brigasque!

Les petits enfants, qui s'étaient ameutés, la poursuivirent en criant :

— Brigasque! Brigasque!

— Je ne suis pas une intrigante, avait répondu Thérèse aux voisines de la laitière, mais je suis Brigasque, et je n'en ai pas de honte.

A partir de ce jour, ma fille ne put traverser Cannes sans être injuriée. Les Cannois sont durs pour nous autres; il semble que nous ne soyons point faits de la même chair qu'eux. On montrait partout ma Thérèse au doigt, et les enfants finirent par lui jeter des pierres.

Son cousin et sa cousine alors voulurent bien se charger de vendre eux-mêmes son lait et ses agneaux. Mais le fils du laitier, une fois libre, revint près de Thérèse, et lui montra plus d'amour que jamais.

— Veux-tu donc retourner déshonorée au pays? répétait ma nièce à sa cousine. Se peut-il qu'après avoir reçu tant d'humiliation, tu consentes à reparler à ce Provençal?

— C'est mon fiancé, disait-elle à son tour; dans dix-huit mois il sera majeur, et nous nous épouserons.

— Les Provençaux sont faiseurs de belles promesses, reprenait mon neveu, mais ils les oublient vite.

— Celui-là n'oubliera point, répondait-elle.

Il fallut partir. La chaleur devenait trop forte pour des Brigasques, et Thérèse aussi se sentait mal à l'aise en Provence. Elle fit ses adieux à celui qu'elle appelle son fiancé, et lui promit de ramener son troupeau l'hiver prochain de très-bonne heure.

Lorsque Thérèse fut dans la montagne, un certain changement parut s'opérer en elle, m'ont dit son cousin et sa cousine. L'air des hauteurs sembla rafraîchir sa tête brûlante. Elle reprit un peu de gaieté, et recommença à parler de la Brige et de tous ceux qu'elle avait si peu regrettés jusque-là.

Le père de Thérèse se tut. Ses dernières paroles me rendirent de l'espoir, et je pensai qu'après avoir beaucoup souffert nous serions peut-être un jour tous heureux.

Si les Cannoises avaient pris le parti de la laitière contre la Brigasque, les Brigasques de leur côté prirent le parti des parents de Thérèse contre le Provençal.

On essayait par tous les moyens de distraire la jeune fille. Ses compagnes l'entraînaient dans les bois et la forçaient de partager leurs jeux. Les garçons l'accablaient de prévenances, de louanges. Son père et sa mère redoublaient de soins pour elle; ils étaient encore plus tendres, plus dévoués. Enfin, moi, je m'occupais matin et soir de la bergère, et elle se montrait sensible à mes attentions.

Je ne sais si Thérèse songeait déjà moins au Provençal ; mais, ainsi que l'avait prévu son père, elle se laissait reprendre par ses anciennes habitudes. Elle aimait loin de son pays, et, au lieu de servir son amour, tout autour d'elle tendait à l'en détacher.

Nous dansions ensemble un dimanche sur la place des Hommes. Je pressai la main de Thérèse; elle me sourit. Ma joie était si grande que j'en avais peur. Je craignais que le torrent ne s'élançât de son lit pour nous emporter, que la montagne ne se penchât pour nous écraser...

Un jeune homme couvert de poussière entra dans le bourg. Je l'aperçus le premier. Son visage amaigri, fatigué, portait les traces de longues souffrances et de privations nombreuses.

— Voilà un pauvre étranger à qui je ferais bien de porter secours, dis-je à Thérèse.

La jeune fille regarde et chancelle. Je veux la soutenir, elle me repousse... Mon cœur se serre affreusement. La bergère s'élance vers l'étranger, elle l'embrasse, prend ses mains dans les siennes, et semble nous défier.

— Celui-ci est mon fiancé, dit-elle, en nous montrant le voyageur.

— Dehors, dehors le Provençal ! s'écrièrent à la fois les jeunes filles et les jeunes gens ; dehors le séducteur ! chassons-le. Les Brigasques sont faites pour les Brigasques, et point pour les Provençaux. Dehors, dehors !

Le fils du laitier s'assit sur une des marches de l'église et pencha sa tête sur sa poitrine. L'humiliation que ses parents avaient infligée à Thérèse lui était rendue.

En le voyant si misérable, si épuisé, j'eus un instant la pensée de le défendre contre les gens de mon pays, contre moi-même...

— Ah ! m'écriai-je tout haut, ainsi chassé comme un malfaiteur, il est plus heureux que moi, puisqu'elle le tient par la main et lui dit des paroles d'amour.

Je courus chez les parents de Thérèse, et je leur appris la fatale nouvelle.

— Ce Provençal l'aime autant qu'elle le dit, vous le voyez bien, repartit la mère. Quoi! il est venu malgré les siens! Pourrons-nous aujourd'hui lutter contre un pareil amour? Hélas! le malheur attire le malheur. Si notre fils n'était pas mort, tout cela ne serait pas arrivé. Quelles épreuves, monsieur le maître, nous sont encore réservées?

Nous le sûmes bientôt.

Thérèse entra. Elle était pâle et tremblante :

— Le fils du laitier de Cannes est à la Brige, dit-elle. Il a fait pour me revoir trente lieues à pied dans la poussière et par la chaleur. Il a fait ces trente lieues sans argent. Les filles et les garçons viennent de le chasser hors du bourg. Il est seul, près de la chapelle Saint-Antoine. Je viens vous demander l'hospitalité pour lui.

— Tu oses demander à tes parents de recevoir ton amoureux! cria la mère stupéfaite.

— Mon fiancé, vous voulez dire? Vous n'avez qu'une fille, ma mère, eh bien! si vous repoussez sa prière, elle sera morte ce soir.

— Elle est perdue, perdue pour moi! répétai-je en sanglotant.

La jeune fille me regarda d'un air étrange.

— Vous m'aimez! dit-elle; alors vous comprenez ce que je souffre en ce moment pour celui que j'aime, moi!

— Thérèse, reprit le père, je vais aller trouver ton cousin et je l'engagerai à recevoir le fils du laitier dans sa maison pendant un jour ou deux. Lorsqu'il sera remis de ses fatigues, nous lui donnerons de l'argent, et il partira. Mais, aussi vrai que je suis ton père, je t'empêcherai de revoir ce Provençal, et, s'il le faut, je t'enfermerai comme ceux de Cannes ont enfermé leur fils.

Thérèse se jeta aux genoux du vieillard.

— Mon cousin, s'écria-t-elle, le chassera de même que les autres l'ont chassé ; il le déteste. Les jeunes gens de la Briga ne le laisseront entrer nulle part ailleurs que chez vous. Recevez-le! je l'aime, et dans quelques mois il sera libre de m'épouser. Prenez pitié de votre fille! N'êtes-vous plus mes parents ? Ah! mon Dieu ! peut-on souffrir davantage! mes forces m'abandonnent... Mais non, ajouta-t-elle, il ne faut pas que je manque de courage... Il est là-bas tout seul, mon fiancé, tout seul au bord du torrent, et il a faim... Je vais aller le rejoindre; nous nous cacherons ensemble dans la montagne ; puis ensemble nous deviendrons voleurs ou mendiants. Adieu, mon père! adieu, ma mère!

La jeune fille éperdue se dirigea vers la porte.

— Vous autres hommes, dit la mère en pleurant,. vous êtes sans pitié, parce que les paroles du monde vous font peur. Moi, je veux sauver ma fille, entendez-vous, et personne ne m'en empêchera. Reste, Thérèse ! je recevrai ton amoureux ; j'irai le chercher s'il le faut. On me méprisera; cependant, je vous le demande, une femme n'a-t-elle pas le droit de faire pour son enfant ce qu'elle n'aurait point le droit de faire pour elle-même ?

Thérèse se jeta dans les bras de sa mère.

Le père était bouleversé ; mais, voyant ma désolation, il reprit avec énergie :

— Monsieur le maître, rassurez-vous. Le fils du laitier de Cannes n'entrera jamais chez nous.

Il n'était plus temps. J'éprouvais à mon tour ce qu'avait éprouvé la mère de Thérèse, et moi aussi je voulais me sacrifier au bonheur de la pauvre enfant.

— Recevez le Provençal, dis-je au père, et que ma destinée s'accomplisse !

— Monsieur le maître, s'écria-t-il, avez-vous perdu votre raison ? ou bien, n'aimez-vous plus ma fille ?

— J'ai ma raison encore, et j'aime Thérèse plus que moi-même.

La bergère me prit les deux mains, je l'attirai sur mon cœur, puis je l'éloignai de moi. Tout était fini entre nous.

— Vous êtes le meilleur des hommes, murmura-t-elle.

— Et le plus malheureux, ajoutai-je.

— Que le fils du laitier vienne ; la porte lui sera ouverte, dit le père.

Je m'élançai hors de la maison. Thérèse sortit en même temps que moi et courut du côté de la chapelle. Je rentrai dans mon école, et je me jetai, fou de douleur, sur mon lit.

Je crus que la violence de mon désespoir allait me tuer. Tout à coup, il me sembla voir entrer chez moi Thérèse et le fils du laitier. Lui, portait à la main un lourd bâton de voyage. Il s'avança vers mon lit, leva son bâton, et frappa sur ma tête et sur mon cœur à coups redoublés. La bergère répétait à chaque instant : Frappe encore!

. . . .

Je m'éveillai d'un long sommeil au bout de trois semaines. J'avais eu la fièvre, le délire, et l'on avait désespéré plusieurs fois de m'arracher à la mort.

Un jour, me trouvant mieux, je voulus me lever. Il pouvait être midi. On était en pleine moisson, et les travailleurs descendaient par groupes de la montagne. Chacun d'eux, en revenant au bourg pour prendre son repas, rapportait quelques gerbes de blé. J'essayais de rassembler mes idées encore éparses, lorsque j'aperçus le fils du laitier de Cannes, Thérèse, son père et sa mère.

— Ah! m'écriai-je, quelles choses étonnantes on voit à la Briga maintenant! Les Brigasques aiment des Provençaux, et les moissons rentrent toutes seules dans les granges. La terre, au lieu de tourner, détourne, je le sens bien...

La fièvre me reprit, et cette fois on ne me laissa sortir que quand je fus bien guéri de corps.

Après quelque temps d'hésitation, je demandai ce qui s'était passé dans la maison du père de Thérèse lorsque le fils du laitier de Cannes y avait été reçu. Une parente de la bergère me donna tous les renseignements possibles.

— Thérèse est heureuse, me dit-elle. Son Provençal est un honnête garçon, qui l'aime de tout son cœur. Il demeure chez les cousins. Le fils du laitier de Cannes a vingt-cinq ans dans deux mois, et si ses parents, d'ici là, ne veulent point consentir à son mariage, il leur fera ce qu'on appelle plaisamment en France des sommations respectueuses. C'est un jeune homme si sûr, si raisonnable, que les parents de Thérèse ne peuvent blâmer leur fille de son choix. Il n'avait jamais travaillé des bras en Provence, et il s'est mis courageusement à cultiver la terre pour n'être à charge à personne. Il a de l'esprit, il est gai compagnon; enfin, on dirait un vrai Brigasque. Il répète souvent que si la Provence est plus agréable que la montagne pendant l'hiver, la montagne, à son tour, est plus agréable durant l'été. Il ajoute qu'il veut chaque année venir passer la belle saison à la Brige avec Thérèse. Cette promesse console un peu les parents de la bergère. On conservera le troupeau... Vous le voyez, monsieur le maître, il n'y a que vous de sacrifié dans tout cela... Le fils du laitier pense que, son mariage fait, son père et sa mère en prendront leur parti, car il est enfant unique.

— Je ne troublerai pas le bonheur de Thérèse, me dis-je; elle est née pour être heureuse, et moi je suis né pour souffrir. La douleur est un fardeau; lorsqu'elle n'écrase pas le premier jour, c'est qu'on est assez fort pour la porter.

Ce qui augmentait les tortures de cette cruelle épreuve, c'était la vue constante de la joie de Thérèse. Mais je suis pauvre, et je ne pouvais voyager. Il me fallait continuer de gagner mon pain en apprenant à lire aux petits enfants.

Cependant, l'époque des vacances venue, je me mis à courir la montagne. Tous ceux qui me rencontraient par les chemins me trouvaient l'air égaré ; je devais l'avoir.

A la Briga, durant mes absences continuelles, il y avait eu du nouveau. Le laitier de Cannes et sa femme, ayant appris que leur fils était dans la montagne, arrivèrent un matin pour le reprendre. Les vendanges commençaient; notre bourg, que ces gens croyaient affreux, leur parut beau. Il est mieux bâti et plus propre que les villages du littoral. La campagne était à ce moment-là très-animée. Quel fut leur étonnement lorsque, au lieu de rencontrer la pauvreté, ils rencontrèrent partout l'aisance !

L'hiver, en Provence et dans le comté de Nice, nos compatriotes portent leurs vêtements les plus laids; ils vivent de privations pour rapporter davantage à la Briga; et comme ils se sentent méprisés par ceux qui les occupent, ils ont presque tous l'air inquiet, humble, méfiant. Revenus dans leur pays, ils s'habillent avec soin ; ils redeviennent libres, travaillent pour eux et jouissent des fruits d'un dur labeur. On ne peut juger les Brigasques qu'à la Briga.

Les Cannois croyant tomber au milieu d'une colonie de misérables, venaient pour faire des scènes, du tapage; ils ne l'osèrent.

Leur fils, d'ailleurs, touchait à ses vingt-cinq ans. Il refusa de les suivre.

Trois jours après leur arrivée, le laitier et sa femme demandèrent la main de Thérèse à ses parents. Ils avaient pris leurs informations, et ils étaient certains de ne pas commettre une sottise. La bergère était plus riche que leur fils.

On sut gré aux Cannois de cette prompte conversion et on les fêta beaucoup. C'était la première fois qu'on voyait le mariage d'une Brigasque et d'un Provençal, et les gens de la Briga comptaient bien en tirer gloire en Provence, l'hiver suivant.

. . . .

Le maître d'école cessa de parler. Profondément émue par son récit, je me rappelai que nous avions commencé par discourir sur la douleur; je me répétai pour ainsi dire à moi-même les idées et les paroles que nous avions échangées, puis j'ajoutai tout haut :

— Monsieur le maître, voilà en effet une belle douleur, et je comprends que vous n'éprouviez pas de honte à la porter. Mais vous avez semé vos joies dans le cœur des autres, et tôt ou tard vous en récolterez les fruits.

— Rien ne me consolera de la perte de Thérèse, dit le maître d'école avec le plus triste des regards.

SUR LA ROUTE

AU MÊME.

Je prêtais une attention si grande au récit du maître d'école que je me retrouvai à Tende, devant *l'albergo nazionale,* sans m'être aperçue de la longueur de la route. Là, en me reposant, je songeai qu'il ne me restait plus rien à faire ni à voir dans ce pays, et je résolus de clore mon voyage par cette ascension. La vue du bureau des Messageries, voisin de l'hôtel, fut peut-être pour quelque chose dans cette idée subite.

J'y entrai aussitôt pour retenir deux places à la diligence de Nice. L'employé me répondit qu'il était bien inutile d'arrêter des places d'avance, par la raison que, en été, il n'y en avait jamais de libres.

— Toutefois, ajouta-t-il très-complaisamment, si madame tient beaucoup à s'en retourner, elle peut, tous les matins, de six heures à huit, se rendre sur la route et y attendre la voiture; elle finira bien par réussir un jour ou l'autre à partir avec ou sans sa Brigasque.

J'étais d'assez mauvaise humeur, et je me demandai si les destins qui m'avaient été si favorables jusqu'alors n'allaient pas m'abandonner.

Cependant, le lendemain, dès l'aube, je traversais la Briga en disant adieu à tout le monde. Des femmes, des jeunes filles, des enfants s'approchèrent de moi pour me souhaiter un bon voyage.

— Si vous êtes encore au Golfe l'an prochain, me dirent les jeunes filles, celles d'entre nous qui passeront par là iront vous rendre visite.

— J'y serai; au revoir donc!

Le vieux Joseph portait ma malle sur sa tête. Angélique avait dans les bras un lourd paquet de commissions pour ses payses restées en Provence. Le maître d'école nous accompagnait.

Il nous fallut rester deux longues heures sur la route. Enfin nous entendîmes au loin dans la montagne le grelot des mules. Je courus à la rencontre de la voiture; elle était pleine, et passa près de moi sans s'arrêter. Le postillon me regarda d'un air moqueur en faisant claquer son fouet. De Paris à Rome, tous les postillons se ressemblent.

Je n'avais nulle envie de retourner à la Briga; mes adieux étaient faits.

— Quoi qu'il arrive, dis-je à mes compagnons, je veux conserver un souvenir aimable de la Briga et des Brigasques, et je vais à Tende porter mon ennui aux Tendasques. Là, je chercherai les moyens de regagner Nice, le golfe Juan et Bruyère.

Après avoir expliqué au vieux Joseph comme quoi il était inutile qu'il nous suivît jusqu'à Tende et promenât ma caisse derrière nous pendant deux lieues, je le renvoyai à la Briga. Je lui dis que sa fille irait le prévenir par le chemin de la montagne de l'heure à laquelle il devrait rapporter ma malle sur la route.

A Tende, je dus me livrer à de grandes recherches avant de découvrir un vieux carrosse auquel je fis atteler deux mules. Angélique était partie pour avertir son père.

Les gens de la Briga qui avaient vu passer et repasser la malle, et qui la voyaient de nouveau sortir du bourg, accablaient Angélique de questions.

— Mais la dame, la dame? lui demandait-on. Qu'en as-tu fait?

Angélique à la fin repartit :

— Elle est dans la malle!

Cette réponse, pour une raison ou pour une autre, satisfit probablement les compatriotes de la jeune fille, car ils cessèrent de la suivre.

J'étais montée en carrosse avec le maître d'école. Nous arrivâmes sur le pont de San-Dalmas un peu après le vieux Joseph, sa fille et la malle.

Le moment de la séparation était venu. Je remerciai le père de ma Brigasque et le maître d'école de la façon charmante dont ils m'avaient accueillie. Angélique embrassa une dernière fois Joseph, et notre postillon fit à son tour claquer son fouet.

J'eus bientôt l'occasion de faire mes excuses au destin que j'avais un instant accusé à tort. Près de Sospello, j'aperçus la diligence de Nice couchée au fond d'un ravin. Dans le coupé, deux personnes avaient été blessées grièvement.

Nous marchions à merveille. Vers cinq heures du matin, nous arrivâmes à la porte de cette auberge où, huit jours auparavant, j'avais eu si grand'peur. Les pensionnaires sans doute dormaient encore. J'entrai dans la salle et me fis servir à déjeuner. Sur la table, près de moi, il y avait une plume, de l'encre, et des feuilles de papier couvertes d'une grosse écriture. Tout en mangeant, je lus ces vers écrits en assez bon italien :

« Malheur à ceux qui préfèrent le regard des dames d'un jeu de cartes aux doux regards d'une femme aimée !

« Moi, je suis joueur, et cependant ma fiancée a de beaux yeux.

« Pour nous mettre en ménage, il nous fallait un peu d'argent.

« Elle m'avait dit : Pars, travaille et reviens vite. Nous serons heureux !

« J'étais parti, j'avais travaillé, et je revenais avec un peu d'argent pour nous mettre en ménage.

« Mais sur le col de Braus j'ai eu froid et je suis entré dans l'auberge.

« Près du feu, les pensionnaires jouaient.

« J'ai vu le regard des dames de carte, j'ai joué et j'ai perdu.

« J'ai perdu l'argent qu'il nous fallait pour nous mettre en ménage, ma fiancée et moi.

« Adieu, mon pays, adieu, ma bien-aimée, adieu, jeu maudit! adieu, ma jeunesse! Je cours me précipiter du haut de la grande roche... »

A ce moment, le maître de l'auberge vint m'avertir que ma voiture était prête.

— Monsieur, lui dis-je en me levant, un malheur est arrivé chez vous.

— Lequel, madame ?

— Lisez ce papier.

— Je l'ai lu.

— Eh bien! le garçon ne s'est-il pas jeté du haut de la roche?

— On ne se tue plus aujourd'hui, madame, parce qu'on a manqué de parole à sa fiancée.

— Alors que signifient ces vers? Pour qui ont-ils été faits?

— Pour moi, madame, et pour les compagnons de ce joueur. Il espérait nous donner des remords et ravoir son argent. Au reste, ne vous inquiétez pas, il dort tranquillement à cette heure.

— Ah! dis-je, quelle fausseté!

— Vous eussiez préféré peut-être, dit l'aubergiste avec malice, qu'il eût accompli sa menace...

Dédaignant de répondre, je remontai en voiture pour continuer ma route.

Le soir, j'étais à Nice, mais je ne m'y arrêtai point. J'avais hâte de revoir le Golfe et ma maisonnette.

LE RETOUR

A MONSIEUR LE DOCTEUR CL...

Bruyère, fin mai 1863.

Mon cher docteur, je suis une malade bien obéissante. Vous m'avez ordonné d'aller à Cannes, j'y suis allée. On a voulu que j'y restasse, j'y suis restée. J'ai même poussé la docilité jusqu'à ressentir un enthousiasme très-vif, très-profond et très-sincère pour un pays contre lequel j'étais animée des plus mauvaises intentions. Aujourd'hui, je commence à regretter

Paris, cette ville pleine de boue et de tapage, que j'adore toujours. Il fait ici très-chaud. Ma santé est aussi bonne que possible. Mettez le comble à ma reconnaissance en autorisant mon retour.

LES ADIEUX

AUX MÊMES.

Marseille, juin 1863.

Je suis à Marseille depuis deux jours ; j'ai le bonheur de contempler la Cannebière du haut de mon balcon. Cela me rappelle ma rue de Rivoli, où cependant je voudrais être rentrée. J'ai quitté Bruyère un peu tard, mais je ne le regrette pas; j'ai utilement employé les derniers jours que j'y ai passés.

Toutes mes connaissances avaient fui les premières chaleurs, intolérables pour ceux qui ont passé l'hiver au soleil. La saison d'été, en Provence, n'est bonne qu'aux tempéraments engourdis par le froid. J'étais donc seule à Bruyère, et je songeais, « car, que faire en un gîte? » Je fis des projets, des châteaux en Espagne, des rêves, et, chose rare dans mon existence, ils sont tout à coup devenus des réalités.

En réfléchissant à mon départ, je réfléchissais aussi à mon retour au Golfe l'hiver prochain. Bruyère était à vendre. Je me vantais à moi-même tous les charmes et toutes les grâces de ce modeste asile. Je me demandais si je retrouverais la maisonnette au milieu des pins, le vallon fleuri, la colline qu'un de mes amis a surnommée le mont Olympe, les deux ravins qui chantent, le petit port et le grand promenoir d'où l'on voit les Alpes neigeuses, les montagnes de Nice inondées de lumière, le golfe Juan, les forêts d'orangers et d'oliviers, la longue presqu'île d'Antibes et la mer immense? « Ah! si Bruyère était à moi! me disais-je et disais-je aux miens dans mes lettres. » Bruyère est à moi! Il serait trop long d'énumérer les démarches, les dépêches échangées, les formalités à remplir, après lesquelles je fus mise en possession de ce coin de terre au soleil.

Dès qu'on sut à Vallauris que j'habiterais le Golfe tous les hivers et qu'on me reverrait indéfiniment, chacun, à l'envi, vint me féliciter.

Toutes ces visites furent, je le crois, bien désintéressées, sauf une, celle du patron du *Sans-Peur*.

— Ah! madame, me dit-il, vous pouvez d'un mot faire le bonheur de trois personnes.

— Expliquez-vous, Marius.

— Il faut à Bruyère un rentier...

C'est ainsi qu'on appelle les concierges sur le littoral.

— Eh bien! après, patron?

— J'ai toujours préféré la terre à la mer, et ma plus grande ambition serait d'être rentier; je voudrais surtout être le vôtre. Comme je soignerais Bruyère! Je planterais, j'arroserais. Ma femme aime tant la campagne! Pierre aussi serait bien heureux. Je lui louerais mon bateau, il serait maître de l'embarcation, la gouvernerait à sa guise, et quand viendraient les escadres, il mènerait les étrangers sur les vaisseaux de guerre.

— Si je choisis un rentier, patron, soyez certain que ce sera vous.

— Merci, merci, dit le bonhomme avec reconnaissance. Mais est-il vrai, madame, que vous partez demain ?

— Oui, mon ami.

— Je veux que vous emportiez à Paris un bouquet des îles, et j'irai de grand matin vous en chercher un. Les lauriers et les myrtes, là-bas, sont en fleur.

Le lendemain, jour définitif de mon départ, je m'éveillai de bonne heure. Une lumière rose filtrait à travers mes persiennes. Je me levai et j'ouvris une fenêtre. Ma chambre, en un instant, fut inondée de rayons. On n'entendait aucun bruit dans la forêt de pins. A l'horizon, le ciel et la mer se confondaient dans l'infini ; des navires aux voiles blanches glissaient sur les vagues d'azur, tandis que de blancs nuages couraient dans l'air bleu.

Il était sept heures du soir lorsque je fis mes adieux à Bruyère. Le train de Marseille part de Cannes à neuf heures. Je m'arrêtai un moment chez Yvonne, qui m'avait fait cueillir un gros bouquet de roses. Plus loin, mes amis de la villa du Rocher emplirent ma voiture de beaux glaïeuls rouges.

Sur le littoral, les fleurs ont tous les langages. On fête votre arrivée avec des fleurs ; on exprime le regret de votre départ avec des fleurs. Vous êtes triste, on vous envoie des bouquets ; une joie vous tombe, il vous tombe en même temps des fleurs. Pays fortuné, où les heureux de la terre se sentent plus heureux encore, où les affligés et les malades trouvent une nature bienfaisante et consolatrice.

Je descendis de voiture à la gare. Les premières personnes que j'aperçus furent le patron du *Sans-Peur*, sa femme et Pierre.

Angélique me suivait, portant mes roses et mes glaïeuls.

— Voilà des fleurs, s'il vous en manque, dit Marius, qui chargea les bras d'Angélique d'un énorme bouquet de myrtes et de lauriers fleuris.

— Des fleurs ! des fleurs ! répétèrent mes deux petites amies les potières, qui accouraient les mains pleines de branches d'oranger.

— Ah ! que vous êtes charmantes, mesdemoiselles.

Je cherchais encore quelqu'un autour de moi.

— Angélique, dis-je, n'as-tu pas été dimanche aux Vallergues ?

— La preuve, madame, que j'y suis allée, c'est que voici Nanette, la petite marchande d'anémones.

Je me retournai vivement.

— Mais arrive donc, mignonne, je vais partir. Est-ce que tu te figures que le chemin de fer attend comme la diligence ou le bateau ? Ne sais-tu pas que je serais désolée de quitter ton beau pays sans te remercier, toi qui, la première, me l'as fait connaître et aimer ?

— J'ai voulu, madame, en souvenir de notre

promenade, vous apporter un bouquet de fleurs du Grand-Pin.

— Chère petite!

Après avoir dit adieu à mes humbles amis, j'entrai dans la gare, et bientôt je montai en vagon. Je restai seule; mes bottes de fleurs épouvantaient les plus braves.

Le train se mit en marche. Des chapeaux, des bras s'agitèrent.

— Au revoir! me criait-on.

J'étais venue à Cannes en voiturin, et je retournais par le chemin de fer, tout récemment inauguré. Je côtoyai les courbes gracieuses du golfe de Cannes et du golfe de la Napoule. La nuit était magnifique, et la lune promenait lentement sur la mer son disque argenté. Les étoiles brillaient d'un lumineux éclat. Sur le rivage, pas une ombre. En me penchant tour à tour par chacune des portières, je vis se dérouler un panorama superbe : Cannes, groupé au pied de son église, et ses nombreuses villas répandues dans la campagne, les îles de Lérins, qui semblaient glisser sur la mer immobile et courir vers l'Italie, tandis que je courais vers la France, les sommets blanchis des hautes collines de Grasse, les crêtes grises des Alpes, la silhouette noire et comme attristée du Grand-Pin.

— Sans adieu, sans adieu! répétai-je.

FIN.

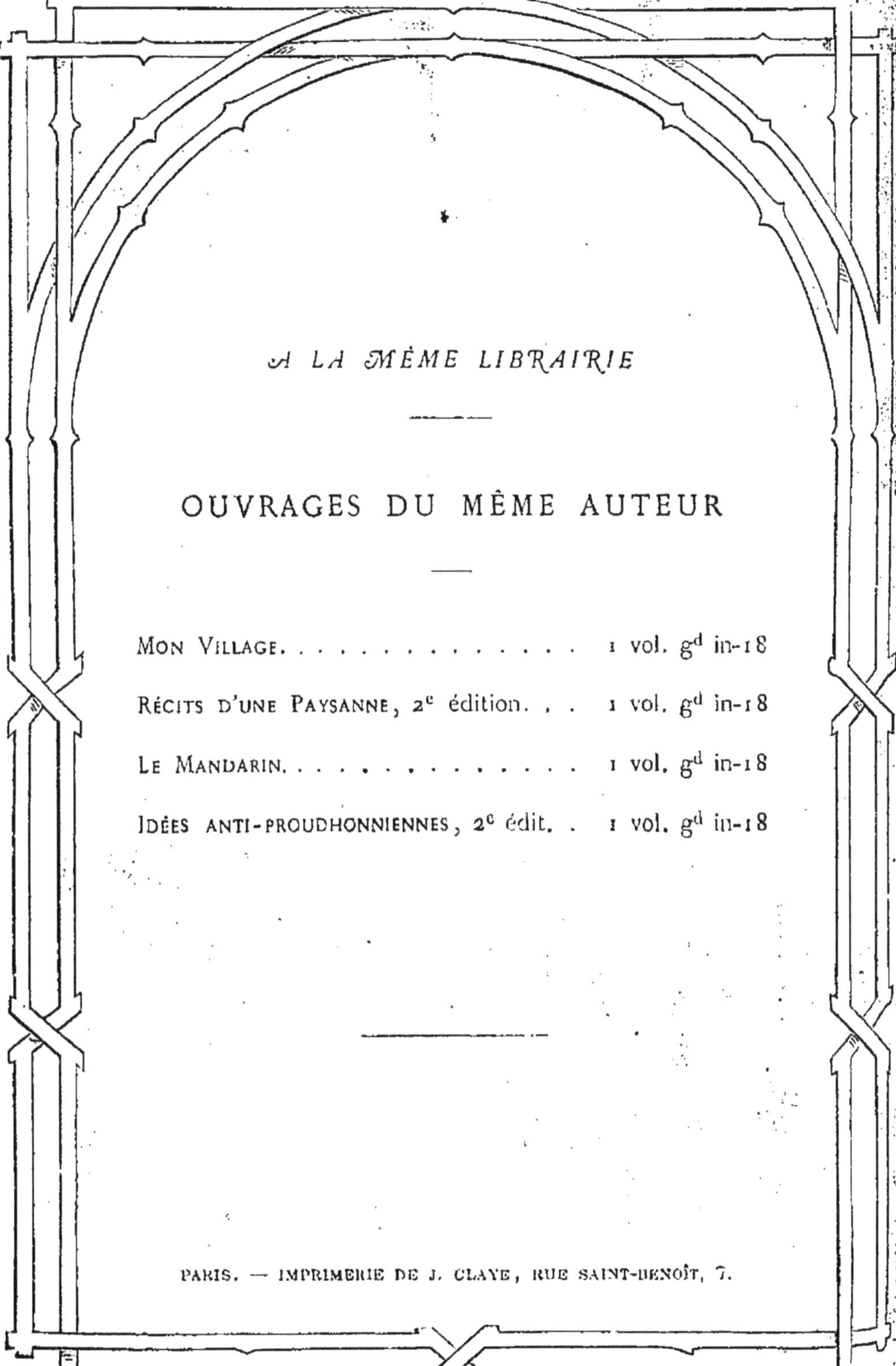

A LA MÊME LIBRAIRIE

OUVRAGES DU MÊME AUTEUR

Mon Village. . . . . 1 vol. gd in-18

Récits d'une Paysanne, 2e édition. . . 1 vol. gd in-18

Le Mandarin. . . . . 1 vol. gd in-18

Idées anti-proudhonniennes, 2e édit. . 1 vol. gd in-18

PARIS. — IMPRIMERIE DE J. CLAYE, RUE SAINT-BENOÎT, 7.

www.ingramcontent.com/pod-product-compliance
Ingram Content Group UK Ltd.
Pitfield, Milton Keynes, MK11 3LW, UK
UKHW012008240726
13965UKWH00001B/228

9 782012 855496